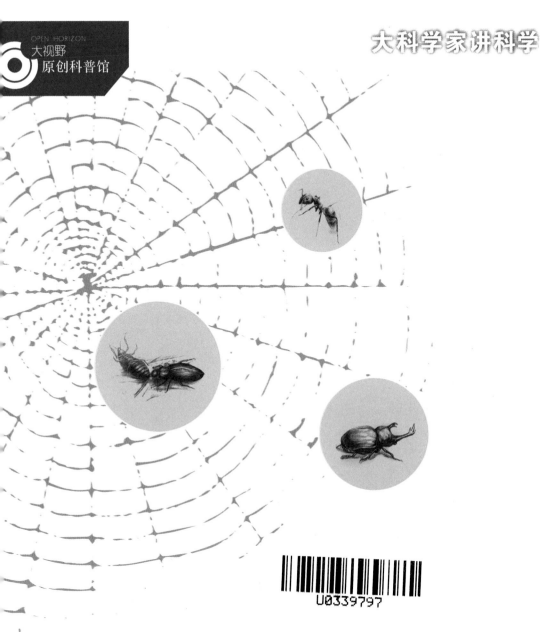

U0339797

王林瑶 著

奇妙的昆虫王国

—— 著名科学家谈昆虫学

C⁻S ⊞ 湖南少年儿童出版社
HUNAN JUVENILE & CHILDREN'S PUBLISHING HOUSE

图书在版编目（CIP）数据

奇妙的昆虫王国：著名科学家谈昆虫学 / 王林瑶著. — 长沙：
湖南少年儿童出版社，2019.6
（大科学家讲科学）
ISBN 978-7-5562-3326-7

Ⅰ.①奇… Ⅱ.①王… Ⅲ.①昆虫学－少儿读物 Ⅳ.①Q96-49

中国版本图书馆CIP数据核字(2017)第132198号

大科学家讲科学·奇妙的昆虫王国

CNS
PUBLISHING & MEDIA
中南出版传媒
DAKEXUEJIA JIANG KEXUE · QIMIAO DE KUNCHONG WANGGUO

特约策划：罗紫初　方　卿
策划编辑：阙永忠　周　霞
责任编辑：吴　蓓
版权统筹：万　伦
封面设计：风格八号　李星昱
版式排版：百愚文化　张　怡　朱振婵
质量总监：阳　梅

出　版　人：胡　坚
出版发行：湖南少年儿童出版社
地　　　址：湖南省长沙市晚报大道89号　　**邮　　编：**410016
电　　　话：0731-82196340 82196334（销售部）
　　　　　　0731-82196313（总编室）
传　　　真：0731-82199308（销售部）
　　　　　　0731-82196330（综合管理部）

经　　销：新华书店
常年法律顾问：北京市长安律师事务所长沙分所　张晓军律师
印　　刷：长沙新湘诚印刷有限公司
开　　本：710 mm×1000 mm　1/16
印　　张：7.25
版　　次：2017年8月第1版
印　　次：2019年6月第2次印刷
定　　价：20.00元

目录

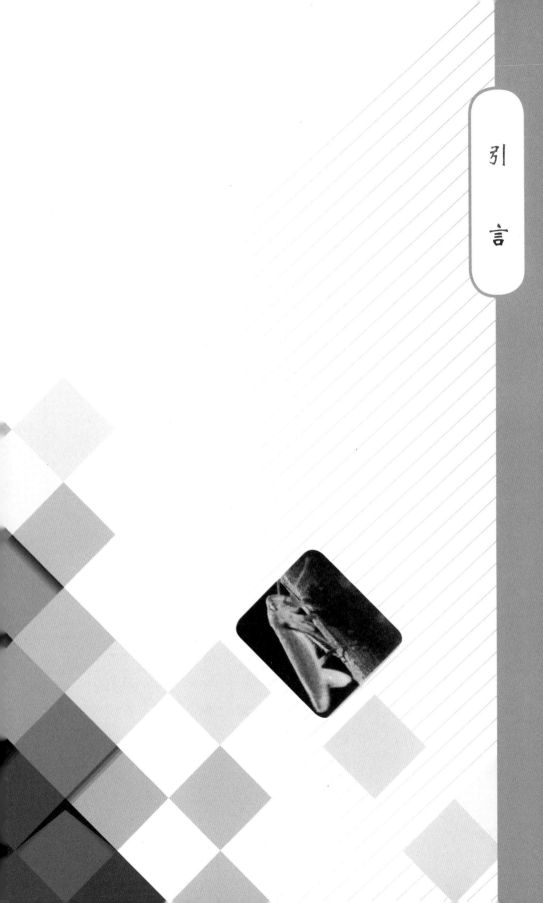

引言

大自然是一本天书，记载着开天辟地，从古到今的事史；大自然是一个宝库，储存着数不尽的山川河流、森林矿藏、万物资源；大自然是一个慈母，缔造了万物生灵，孕育了人类的伦理、道德、科学文化等。有了这些，才有了今天人类赖以生存的物质基础。

　　昆虫是地球生物中的佼佼者，它们的身体虽小，但历史悠久，最早的昆虫距今已有 3.5 亿年。它们种类繁多，已知的种类已突破百万大关；身体结构复杂，消化、神经、循环、呼吸、生殖系统完整，可谓"五脏俱全"；功能多样，爬、跳、捕、挖、飞、游，神通广大；生活规律各异，变态形式各具特色。它们还有着许许多多人们尚未能领悟到的、为着生活、生存而经过长期适应和演化来的行为。

　　对这千姿百态、变幻无穷的昆虫世界，虽然人们进行了艰苦努力的研究探讨，但对它们的了解也只是"沧海一粟"，昆虫学研究领域急需大量的研究人才，有志从事生物科学事业的青少年朋友行动起来，努力学习文化知识，掌握日新月异的现代化科学技术，以认真、求实、百折不挠的精神，加入到研究探讨昆虫奥秘的事业中来。青少年朋友通过研究，不但能了解昆虫世界，也能在培养科学态度、科研工作方法和科研能力上获益。

一、简说昆虫的发迹史

大到人类，小到不起眼的昆虫，万物皆有其源。昆虫的由来虽然不是一般人热衷于探讨的主题，但却是昆虫学家、地质学家、考古学家乃至历史学家都非常感兴趣的主题，因为它们与大地结构、生物进化、人文历史等息息相关。

　　地球的存在至今分为3个宙，即太古宙、元古宙、显生宙，其中显生宙又可分为古生代、中生代和新生代。昆虫是从古生代的泥盆纪开始出现的，距今已有3.5亿年。屈指算来，它们在地球上的出现比鸟类还要早近2亿年，因此昆虫可称得上是地球上的老住户了。

　　由于昆虫的躯体是那样的渺小，在地球上出现得又是那么早，所遗留下来的佐证——化石又是那么稀少，要确切地刨根问底实为难度太大，但是历代科学家们还是凭着地壳中保存下来的化石和极为丰富的想象力，将其与现存于大自然中的相似活体（活化石）进行对照比较，提供了人们可以相信的昆虫起源线索。人类在进步、科学在发展，自然界的变是绝对的，不变是相对的，世界上的任何事物都离不开这条客观规律。昆虫在地球上的发展史也是随着万物的变化、时间的延续和不断的演化、发展才被揭开的。

　　昆虫最早的祖先是在水中生活的，它的样子像蠕虫，也似蚯蚓，身体分为好多可活动的环节，前端环节上生有刚毛，运动时不断地向周围触摸着，起着感觉作用。在头和第一环节间的下方，有着像是用来取食的小孔。这种身躯构造简单的蠕虫形状的动物，便被认为是环形动物、钩足动物和节肢动物的共同祖先，而且更是昆虫的始祖了。（图1）

表皮硬化长出附属肢

颚节与头部密切结合

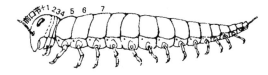

头、胸、腹区分明显只有三对足

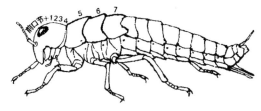

■ 图1 昆虫由多足类演化到六足型过程的示意图

随着时间的延伸，昆虫肢体功能演化逐渐登上了陆地舞台。为了适应陆地生活，它们的身体构造发生着巨大的变化，由原来的较多环形体节及附肢，演变成为具有头、胸、腹三大段的体态。这个演化过程大约经历了 2 亿至 3 亿年的漫长岁月，而且还以缓慢的步伐不停地继续演变下去。

早期的昆虫从小到大都是一个模样，不同的只是身体的节数在变化，性发育由不成熟到成熟。那时它们在躯体上没有明显的可用来飞翔的翅，原来的多条腹足也没有完全退化。后来有些种类的腹足演化成用来跳跃的器官；有些种类还保持着原来的体态，如被列为无翅亚纲中的弹尾目、原尾目及双尾目昆虫。随着时间的流逝，大约在泥盆纪末期，有些昆虫才由无翅演化到有翅。

在以后亿万年的漫长历史变迁中，有些种类的昆虫，由于不能适应冰川、洪水、干旱以及地壳移动等外界环境的剧烈变化，就在演变过程中被大自然所淘汰；也有些种类的昆虫，逐渐适应了环境，这就是延续到现在的昆虫。例如天空中飞翔的蜻蜓，仓库及厨房中常见的蟑螂，它们的模样就与数万年前的化石标本没有什么区别。（图 2）

大约在 2.9 亿年前，这是昆虫演变的最快时期。在这段时间内，许多不同形状的昆虫相继出现，但大多数种类属于渐进变态的不完全变态类型。在以后的世代中，又有

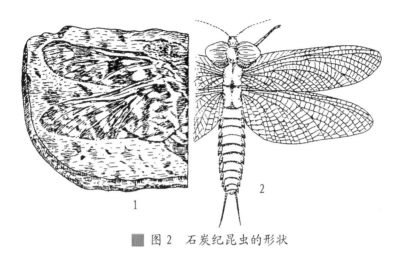

图 2　石炭纪昆虫的形状

1. 化石标本　2. 复原后的形状

些种昆虫从幼期发育到成虫，无论从身体形状到发育过程都有着明显的变化，成为一生中要经过卵、幼虫、蛹、成虫四个不同发育阶段的完全变态类群。

　　为什么石炭纪成为昆虫的发轫期？这与当时的自然环境有着极为密切的关系。在多种复杂的关系中，与植物的关系最为密切，因为当时大多数种类的昆虫主要以植物为食。

　　石炭纪时期，大自然中的森林树木已是枝繁叶茂，郁郁葱葱，而且为植物提供水分的沼泽、湖泊又是那么星罗棋布，这就为植食性的昆虫提供了生存和加速繁衍的良机，但是这优越的生存环境并不十分平静，植食性昆虫与植食性的大动物之间，以及以昆虫为食的其他动物之间，展开了一场生与死的激烈竞争，即使是体形小、貌不惊人的昆虫之间也不例外。

在这场求生的殊死搏斗中，并非体大、性猛的种类获胜，反而是许多体形小、食量少、繁殖力强，尤其是以植物为食的昆虫，获得了飞速发展的良机。

昆虫在地球上的生存与发展，并非一帆风顺，也曾经历过几次大的起伏。其中比较突出的一次大的毁灭性灾难，发生在距今 2.5 亿年至 6500 万年前的中生代。那时地球上的气候发生了突如其来的变化，生机勃勃的陆地由于干旱变成不毛之地，森林绿洲只局限于湖泊岸边和沿海地区的小范围内，这就使植食性昆虫失去了赖以生存的食源。在此阶段的突变中，原来生活于水域中的部分爬行动物，由于水域的缩小而改变着水中的生活习性及身体结构，演变成了会飞的且由植食性转变成以捕食昆虫为主的始祖鸟，这就使在森林、绿地间飞翔的部分有翅昆虫，失去了生存的领空。但是也有适应性极强的昆虫种类，它们仍然借助于自身的种种优势，顽强地延续着自己的种群。

值得一提的是，在此期间（在 1.35 亿年至 6500 万年前的白垩纪），地球上的近代植物群落形成，特别是显花植物种类的增加，各种依靠花蜜生活的昆虫种类（如鳞翅目昆虫）以及捕食性昆虫（如螳螂目等昆虫）便与日俱增。随着哺乳动物及鸟类家族的兴旺，靠营体外寄生生活的食毛目、虱目、蚤目等昆虫也随之而生，逐渐形成了五彩缤纷的昆虫世界。

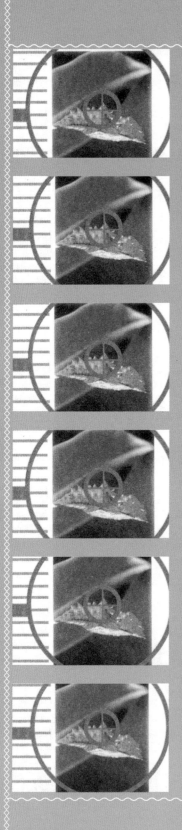

二、昆虫在生物界中的排行榜

要知道昆虫在生物世界中的地位，首先要弄清什么是生物。简单地说，生存在地球上有生命力的，并且在适宜的生态环境下能不间断地繁衍后代而且能长期生存的物质，均可称为生物。现在已经认识的几百万种生物，是经过约40亿年来生物进化演变的结果。地球上的生物和它们拥有的遗传基因以及与环境构成的生态系统，便形成了从古至今千姿百态、五彩缤纷的生物世界。

由于生物种类很多，随着生物科学的不断发展，科学家们便按照各种生物体形上的特征、生物学特性上的不同来分类，从而决定其血缘远近构成的生物谱系。较早的生物谱系是把有生命而且自身能够运动，并生长着特殊的取食器官来摄取其他动、植物以维持其生命的生物称为动物界；另一个大类群，虽然自身也有生命，但没有直接摄取其他物质的特殊器官，而只是利用光合作用来制造营养、维持生命，这类生物称为植物界。这种分类法把生物分成两大类，因而也被称作两界系统。

随着时间的延伸，科学的发展，对生物进化的认识不断提高，认为把生物分为两界的说法已经不够全面了。例如真菌虽然不营光合作用，但因其营固着生活，人们便将其归入植物界；大多数细菌虽也不营光合作用，人们只是根据其细胞外围有比较厚的细胞壁，也将其归在植物界内；特别是有些单细胞生物，如眼虫，它既能像植物以叶绿素营光合作用，又能像动物一样行动和摄取食物，对这些生物人们就很难简单地把它们归为上述两类中的哪一类了。又如病毒是最简单的生物，它的整个身体只有一种核酸且包着一层蛋白质外壳，不能独立活动，必须进入含有两种核酸的细胞内才能繁殖，对这样的生物人们就更难分辨其归属了。因此便产生了后来的三界系统（原生生物界、植物界和动物界）、四界系统（原核生物界、原生生物界、植物界和动物界）、五界系统（原核生物界、原生生物界、植物界、真菌界和动物界）和六界系统（原核生物界、原生生物界、植物界、真菌界、动物界和病毒界）的分类系统。

昆虫具备了动物界的分类条件，因此可认为是动物界的一员。由于动物界的成员也相当庞大，为了便于更细致而深入地研究和认识它们，人们在"界"下又增加了低一级的分类单位，称为"门"。动物界分为哪些门，主要是按照各类动物身体构造的繁或简、进化程度的高与低来区分的。动物界由低等至高等可分成 12 个门。

昆虫属于动物界 12 个门中的节肢动物门。这个门中包括人们常见的水蚤、虾、蟹、蜘蛛、蝎子、蜈蚣、马陆等。这些小动物的名称多数都带有"虫"字旁，这是因为它们与昆虫的亲缘关系比较接近。属于节肢动物门的动物约有120万种，它们的相同特征是：体节分明，身体分为头、胸、腹三个部分，有关节的附肢为其行动器官，体外有称外骨骼的坚硬壳。

　　昆虫在演化过程中，发展成为有特殊呼吸气管的种类。在昆虫的一生中，当它从卵中孵化出来时，身体已由许多节组成，待发育到成年时，身体就明显地分为头、胸、腹三大段。头部具有用来取食的口器以及眼和触角；胸部有

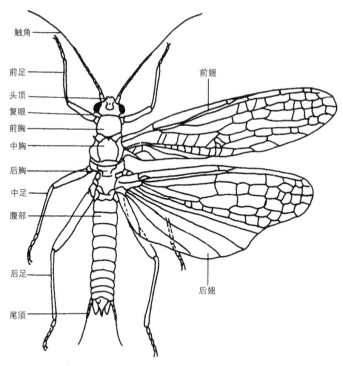

图3　昆虫的身体构造及主要特征部位

两对翅（有的种退化为一对）、三对足；腹部是消化、生殖和呼吸系统的所在。（图3）如果把昆虫身体上的这些明显可见的特殊构造归纳成形象的四句话，那就是：身体分为头胸腹，两对翅膀三对足，头上一对感觉须，骨骼包在肉外头。这些就是昆虫纲特点的真实写照。

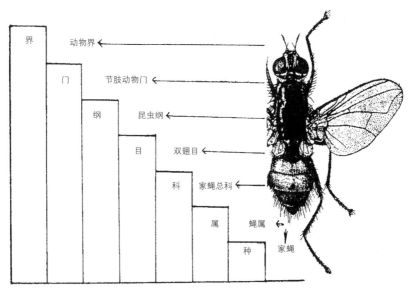

图 4　家蝇在动物世界中的分类阶梯示意图

纲是动物分类系统的第三阶梯，也是昆虫与其他动物区分划出界线的一级。分类阶梯也就是人们常说的分类系统，由于以等级区分，好像登山的台阶，所以也叫分类阶梯。概括起来为七个字：界、门、纲、目、科、属、种。（图4）

由于昆虫是个大家族，种类复杂，七字分类阶梯已不适用了，于是在两个阶梯之间又增加了亚门、亚纲、亚目、亚科、亚属以至亚种的中间阶梯。在分类阶梯中，种是生物排行榜上的最后一个座位，也可以说是其最根本的单元。

　　昆虫纲下分为多少个目，才更能反映其具体情况和代表性特点呢？不同的分类学家有着不同的分法。这些分法中最少的分为20多个目，最多的分为30多个目。

三、昆虫种类知多少

昆虫不但是地球上的老住户，而且是个大家族。如果将世界上的动物暂定为120万种，昆虫则占据着所有动物种类的80%。人们习惯称昆虫为"百万大军"，要按这个数推算，我国至少有昆虫种类15万种至20万种，约占世界昆虫种类的15%～20%。

在20世纪80年代，有的昆虫学家对巴西马瑙斯热带雨林中的树冠昆虫进行调查研究后认为，世界昆虫种类数量应为300万种之多，如果按此比例计算，我国昆虫种类应为45万种至60万种，至少也不会低于25万种至30万种。当然这些数字只是根据世界馆藏标本数量、历年新种递增统计以及按不同区域、不同生态环境、不同季节时间调查结果归纳总结后所得。随着科学研究的深入发展，交通工具的发达、畅通，调查工作的广泛深入，采集手段的改进以及统计、信息的准确性不断提高，相信昆虫种类较为准确的数字在不久的将来会展现于世人。

昆虫家族的成员数量及类群特征按昆虫分类阶梯，以目为单元简述如下。

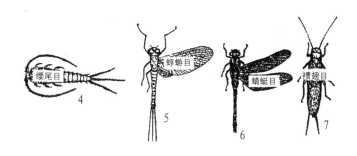

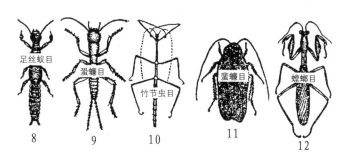

图 5-1　昆虫各目的代表种展示图（1）

（一）无翅亚纲

1. 本亚纲特点：体小，无翅，无变态。

　　（1）原尾目　　已知 500 余种。无眼、无触角、口器陷

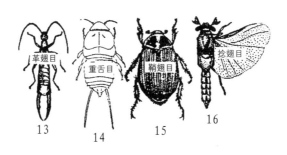

13　　14　　15　　16

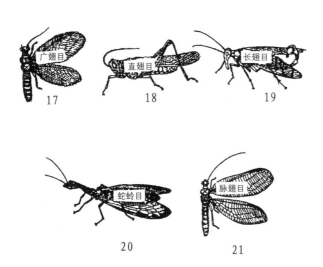

17　　18　　19

20　　21

图 5-2　昆虫各目的代表种展示图（2）

入头部，适用于钻刺取食，腹部 12 节。生活于湿地中的腐殖质及石块枯叶下，如原尾虫。1956 年北京农业大学杨集昆先生在我国首次采到该昆虫。

（2）弹尾目　已知约 6000 种，口器咀嚼式，内陷，缺复眼，腹部 6 节，第一、三、四节上有附肢，可弹跳。

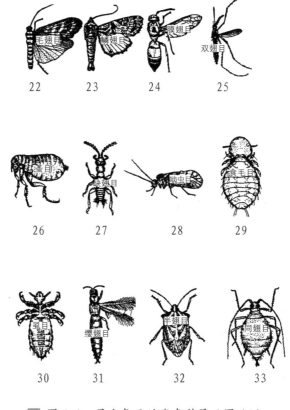

图 5-3 昆虫各目的代表种展示图（3）

凡土壤、积水面、腐殖质间、草丛、树皮下均可见其踪迹，该目昆虫分布极广泛，常见的如跳虫。

（3）双尾目 已知约 600 种。口器咀嚼式，陷入头内，缺复眼，触角长；腹部 11 节，有腹足痕迹及尾须 2 根。生活在腐殖质多的土中，如双尾虫。

（4）缨尾目　已知 570 多种。体柔软，长形，体表常有鳞片，口器外露，腹部 11 节，有腹足遗迹及尾须 3 根。生活于室内衣物及书籍中，也有的生活于石壁、朽木及腐质堆内，还有的寄居于蚁巢中。常见种有衣鱼等。

（二）有翅亚纲

2. 本亚纲特点：体大，有翅（或退化），有变态。

（5）蜉蝣目　已知约 2500 种。口器退化（成虫），触角短刺形，前翅膜质，脉纹网状，后翅小或消失。幼虫生活于水中，成虫命短，成语中的"朝生暮死"即指此虫短暂的一生，如蜉蝣的一生。

（6）蜻蜓目　已知约 5000 种。头大而灵活，口器咀嚼式，触角刚毛状（鬃状）；胸部发达、倾斜，腹部长而狭；脉纹网状，小室多。为捕食性；幼虫水生，如蜻蜓。

（7）襀翅目　已知 2300 多种。头宽大，口器退化，触角长丝状；前翅膜质喜平叠于腹背，后翅臀角发达。幼期生活于水中，肉、植兼食，如石蝇。

（8）足丝蚁目　已知约 135 种。头扁，活动自如，咀嚼式口器，复眼发达，缺单眼；胸部发达，前足第 1 跗节膨大，有丝腺体。生活于热带某些植物的皮下，营网状巢，如足丝蚁。

(9) 蛩蠊目　已知约 29 种。体细长，咀嚼式口器，触角丝状，复眼小，缺单眼，尾须长，雄虫有腹刺。生活于高山，如蛩蠊。我国于 1986 年在吉林省长白山天池由中国科学院动物研究所王书永采到且首次记录。

(10) 竹节虫目　已知 2500 多种。体细长或扁宽，似竹枝或阔叶片；头小，咀嚼式口器，触角丝状，复眼小，翅或存或缺。有假死性，常作为拟态类昆虫代表种，如竹节虫。

(11) 蜚蠊目　已知 5000 多种。体扁，头小而斜，咀嚼式口器，触角长丝状，眼发达；前胸宽大如盾，前、后翅发达，也有缺翅种类。以腐殖质为食，多食性，生活于村舍、荒野及浅山间，如蜚蠊。

(12) 螳螂目　已知 1585 种左右。头三角形，极度灵活，口器咀嚼式，肉食性，触角丝状；前胸长，前足为捕捉足，中、后足细长善爬行。卵成块状，称螵蛸，为中药材。常见种有螳螂等。

(13) 革翅目　已知约 1200 种。体长，咀嚼式口器，触角鞭状；前翅短，革质；后翅腹质，扇形，翅膀放射状；尾须演化成较坚硬的铗，故又名耳夹子虫。多食性，喜腐殖质较多的环境，有筑巢育儿习性，是群集性昆虫中的代表种，如蠼螋。

（14）重舌目　已知约 10 种。我国尚未采到标本。体小而扁（仅 8～10 毫米），咀嚼式口器，触角短小；前胸大，超过中后胸之和；足较短，腹部 11 节。生活于腐殖质中，或于鸟兽巢穴寄居。

（15）鞘翅目　简称甲，是昆虫纲中第一大户，已知约 33 万种。咀嚼式口器；前胸大，可活动，中胸小；前翅演化为革质，称鞘翅，后翅膜质，有些种类消失；幼虫多为蛴型，裸蛹。常见种有金龟子等。

（16）捻翅目　已知约 300 种。口器咀嚼式但极退化，触角多权；前翅退化，呈棒状，后翅阔大，扇形；雌虫头胸愈合，无眼、翅及足。营寄生性生活，如捻翅虫。

（17）广翅目　已知约 300 余种。咀嚼式口器，触角丝状；前胸长，近方形，翅宽大，后翅臀区发达，腹部粗大，缺尾须。幼虫水生肉食性，如泥蛉。

（18）直翅目　已知 18000 余种，包括蝗虫、螽斯、蟋蟀、蝼蛄各科，为昆虫纲中第六大目。大中型昆虫，体粗壮，前翅狭长，后翅膜质宽大，后足善跳跃，前足为开掘足，腹端有产卵管。

（19）长翅目　已知约 600 种。头垂直并向下延长，口器咀嚼式，触角丝状，复眼大，前、后相似，雄性尾端钳状上举似蝎，又名蝎蛉。成虫产卵土中，幼虫喜潮湿环境，捕食性。

（20）蛇蛉目　已知60余种。头蛇形，复眼大，触角短丝状；前胸细长如颈，足较短，前、后翅相似；腹部宽大，缺尾须。幼虫生活于林间树皮下，捕食性，如蛇蛉。

（21）脉翅目　已知约6000种。复眼大，相隔宽，触角丝状；前胸短小，中、后胸发达；有翅两对，前、后翅相似，脉纹同状，翅缘多纤毛；腹部缺尾须。肉食性，如草蛉。

（22）毛翅目　已知约10000种。退化了的咀嚼式口器，触角长丝状，复眼发达；翅两对，有鳞或密集的毛，横脉少，后翅宽广，有臀域；幼虫水生，吐丝做巢，植食性，如石蚕。

（23）鳞翅目　已知约20万种，为昆虫纲中的第二大目。口器虹吸式，触角棒状；丝状、羽状或栉状；翅膜质，布满多种形状各种色彩的鳞片。幼虫植食性，如夜蛾。

（24）膜翅目　已知约12万种，为昆虫纲中的第三大目。头大能活动，复眼大，有单眼，触角为丝状、锤状、屈膝状，口器咀嚼式或中、下唇及舌延长为嚼吸式。翅膜质脉奇特。

（25）双翅目　已知约85000种，为昆虫纲中的第四大目。口器舐吸式或刺吸式，触角环毛状或丝状、芒状，前翅 1 对，后翅退化为平衡棒。肉食性、腐食性或吸血；围蛹或裸蛹。

（26）蚤目　已知约 2300 余种。体小而侧扁，刺吸式口器，眼小或无，触角短锥形；皮肤坚韧，多刺毛，翅退化，后足跳跃式；腹部扁大，末端臀板发达，起感觉作用。外寄生于鸟及哺乳类动物。

（27）缺翅目　已知约 29 种。体形小，咀嚼式口器，触角短，仅 9 节，念珠状；前胸发达，有无翅型和有翅两型，有翅型翅也能脱落，尾须短多毛。1973 年中国科学院动物研究所黄复生先生在西藏采到该目一种昆虫，为我国首次记录。

（28）啮虫目　已知约 850 种。体小、头大垂直，触角长丝状，口器咀嚼式；前胸缩小如颈，翅膜质，前翅大于后翅，翅脉稀但隆起；足较发达，能跳跃。生活于腐烂物质、书籍、面粉中，如啮虫。

（29）食毛目　已知约 4500 种。体扁、头大，眼退化，口器为变形的咀嚼式（常以上颚括取鸟、兽毛及肌肤分泌物为食）；触角短小，至多 5 节，翅退化，前足攀登式。寄生于鸟及哺乳类动物身上，如鸡虱。

（30）虱目　已知约 500 种。体扁，头小向前突出，眼消失或退化，刺吸式口器，触角较小；胸部各节愈合，缺尾须，前足适于攀缘。寄生于哺乳类动物身体上，如虱子。

(31) **缨翅目**　已知约 6000 种。体形小，细长，复眼发达，翅狭长、脉退化，密生缨状长缘毛，口器特殊，左右不相称，故称锉吸式；植食性，喜生活于植物包叶间及树皮下，个别种类为捕食性，如蓟马。

(32) **半翅目**　已知约 38000 种，是昆虫纲中第六大目。头小，口器长喙形刺吸式，向前下方伸出，触角长节状；前胸宽大，中胸小盾片明显；前翅基丰厚硬如革，后半膜质。植食性或捕食性，如蝽象。

(33) **同翅目**　已知 45000 余种，是昆虫纲中第五大目。复眼较大，口器刺吸式，生于头部下后方；前、后翅均为膜质，透明或半透明。大部分为农林主要害虫，有些种可借助口器传播植物病害，如蚜虫。

当你读完前面一段文字，你会不会很自然地提出这样一个问题：昆虫的种类为什么这样多？

解答这个问题并不十分困难。中国有句俗话"耳听为虚、眼见为实"，只要经常到大自然中去走走看看，这个问题便会从书本知识变为现实的东西。在大自然中观察昆虫，你会从中学到书本中没有的知识，还能开拓你的思维能力。昆虫种类繁多，主要有以下几方面的原因：

(1) **繁殖能力强**　昆虫的生育方法一般是雄、雌交配后，产下受精卵，在自然温度下孵化出幼虫来，这种繁殖方式称有性生殖。

在大部分种类中，一只雌虫可产卵数百粒至千粒。蜂王产卵每天可达 2000～3000 粒。白蚁的蚁后每秒可产卵 60 粒，一生可产卵几百万粒。一对苍蝇在每年的 4～8 月的 5 个月中，如果生育的后代都不死，一年内其后代可多达 19000 亿亿只。一只孤雌卵胎生的棉蚜在北京的气候条件下，从 6 月到 11 月的 150 多天中，如果所生的后代都能成活，其后代可达 60000 亿亿只以上。如果把这些蚜虫头尾相接，可绕地球转 3 圈。还有些种类的昆虫有幼体生殖、卵胎生、多胚生殖等有利于扩大种群的生育方法。

(2) 体形小　　昆虫的体形小，这使它们在争夺生存空间战中占了很大便宜。昆虫中，体形最大也只有十几厘米，一般都在 2～3 厘米之内，还有许多种类要用毫米甚至微米测量。一块石头下的蚁穴中，可容几万只且过着有次序的社会生活的蚂蚁；一片棉叶下可供几百只蚜虫或白粉虱生活、繁殖后代和取食。有人统计过，1 公顷的草坪可轻松地容纳下近 6 亿只跳虫自由自在地生活。

(3) 食量小，食物杂　　昆虫中食量小的种类很多，如一粒米或一粒豆可使一只豆象完成它从卵、幼虫、蛹到成虫的全过程所需的食物。食性杂，食源广的特性也为昆虫提供了生存的机遇。舞毒蛾的幼虫能很自然地取食485种植物的叶子；日本金龟子可不加选择地取食250种植物。从植物受害方面讲，苹果树有400种害虫；榆树有650种害虫；栎树有1400种害虫。

(4) 有很强的选择适宜生活环境的迁移能力　昆虫有着善于爬行和跳跃的足以及专门用来飞翔的翅，这就扩大了它们的生存范围。昆虫可借助风力和气流远距离迁移。成年飞蝗每天可轻而易举地飞行160多千米。有人发现一度在摩洛哥出现的蝗群，原来是从3200千米以外的南部非洲飞来的，后来不仅从西非飞到孟加拉国，还经土耳其向北飞去，有些迷途的蝗群竟飞到了英国。为害小麦的黏虫的成虫，在迁飞季节，可从我国的广东省起飞，跨高山、越大海到达东北各省，而且每次起飞可持续7～8小时不着陆，每小时的飞翔速度竟高达20～24千米。昆虫还可借鸟、兽和人们的往来、植物种子、苗木及原材料的运输等来迁移。借助天力人为，它们就扩大了生存天地。

(5) 有很强的适应性　昆虫耐饥饿、耐严寒、抗高温、抗干旱的能力很强。咬人的臭虫一次吸血后，可连续存活280天。跳虫在零下30℃的低温下还能活动。在浅土中过冬的昆虫幼虫或蛹，只要来年冰消雪化，即可苏醒过来继续生活并繁衍后代。多种仓库害虫可忍耐45℃高温达10

小时而不死。珠绵蚧包在球形体壁内的幼虫，在完全干燥的沙土中可活 8 年之久。

(6) 多变的生存行为 昆虫有着多种复杂的变态以及模仿、拟态、防御等自我保护行为，这就为保护其种群的生存、发展创造了极为有利的条件。有关这方面的详细内容，我们在后面还会提到。

四、昆虫虽小，五脏俱全

昆虫在动物界中种类最多，但体形较小，最大的体长不过 200 毫米，最小的要用微米测量，绝大多数种类也只在 10～20 毫米以内。

头部 从外部体态看，头上有用来观察物体的眼睛，起着感觉功

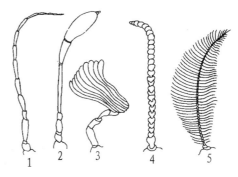

图6 不同形状的昆虫触角

1. 丝状触角 2. 棒状触角

3. 鳃状触角 4. 念珠状触角

5. 羽毛状触角

能的触角（图6），用来品尝和咀嚼食物的口器（嘴）（图7）。

胸部 有翅两对（或一对），这是动物界中具有专用于飞翔的特殊结构。前翅长在中胸上，后翅长在后胸上（或一对翅长在中胸上，后翅退化为平衡棒）。有足三对，依次长在前

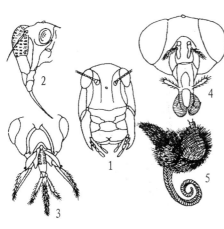

图7 不同形状的昆虫口器

1. 咀嚼式口器 2. 蝉的刺吸式口器

3. 蜜蜂的嚼吸式口器 4. 蝇类的舐吸式口器 5. 蝶、蛾的虹吸式口器

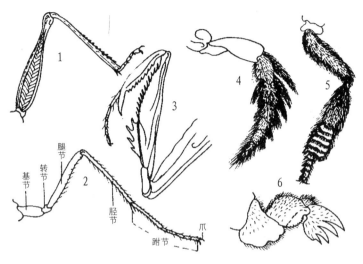

图 8　不同形状的昆虫足

1. 跳跃足　2. 步行足　3. 捕捉足
4. 游泳足　5. 携粉足　6. 开掘足

胸、中胸和后胸节的腹面，由于昆虫的种类不同，各种种类的足分别有着爬、跳、挖、捕、攀的不同功能（图8）。

　　腹部　是昆虫身体的最后一大段，是消化和繁殖系统的中心。成虫阶段的腹部一般是由10个圆环形的节组合成，各节由可折叠伸缩的、有很强韧性的膜连接着，因此，能自由地弯曲、摆动。

　　腹部从外表可看到生殖器官和气门。生殖器官在体外能看到的部分着生在腹部的第8节及第9节上。雄性的叫交配器，雌性的叫产卵器。雄性的交配器一般都隐藏在第

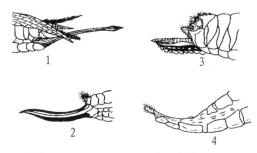

■ 图9　不同形状的昆虫产卵器

1. 蟋蟀的牙形产卵　2. 螽斯的马刀形产卵器　3. 叶蜂的锯齿状产卵器

4. 蝶、蛾类的管状产卵器

9背板和第8腹板之间，因此不易看到，要经过解剖取出，经清洗、透明和染色制片后才可分辨其类型。雌性的产卵器一般裸露在外。由于昆虫的种类不同以及适应和选择的产卵寄主、环境也不相同，产卵器也就各具特色（图9）。有的像锯木材的锯子，有的像骑兵用的马刀，有的像古代卫士用的长矛，更多的种类雌性产卵管比较简单，只是将腹部末端数节逐步变细，相互套入，只有产卵时才能见到。

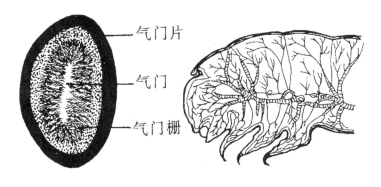

气门片

气门

气门栅

■ 图10　昆虫的气门构造及气管分布示意图（鳞翅目幼虫）

昆虫是以气管进行呼吸的，不断排出废气、吸进新鲜氧气以维持生命的。陆生昆虫除胸部外，腹部 1 ～ 8 节的两侧体壁上，各有 1 个用来呼吸空气的小圆洞，叫作气门。气门的构造也很复杂，为了防止外界不洁物质进入，周围有较厚的几丁质气门片，这是气门的门框，框内有过滤空气的毛刷和起着开或关闭气门的栅栏，相当于气门的保险门。当昆虫进入不良环境或气候突变时，便立即关上栅栏门。气门的周围边缘还有着专门用来分泌黏性油脂的腺体，是防止水分进入气门内的特殊构造。气门连接着体壁下的主管道和布满全身支气管（图 10），将新鲜空气输送到各个组织细胞中去。

生活在水中的昆虫，为适应特殊的生活环境，生长在身体两旁的气门退化了，而位于身体两端的气门相对发达。如为害水稻的根叶甲，是以腹部末端的空心针状呼吸管，插入稻根的气腔内，借助稻根中的氧来维持生命。龙虱的前翅下有贮存空气的气囊，当吸满空气后再潜入水中，便可长时间维持生命。空气接近用完时，便又上升到水面，以腹部末端翅鞘下的气孔透过水面膜，尽量充满翅鞘下的囊袋后再潜入水中，完成觅食、交配和产卵等生活过程。

牙甲是通过触角刺破水面膜，吸入空气来充满腹面下方由许多拒水毛团绕着的气泡。水生昆虫体外携带着的气

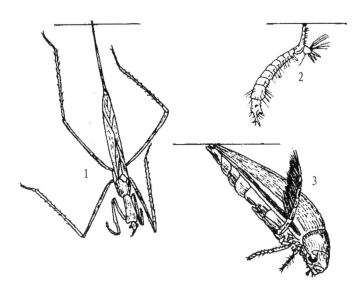

■ 图 11　水生昆虫呼吸示意图

1. 蝎蝽　2. 蚊幼　3. 龙虱

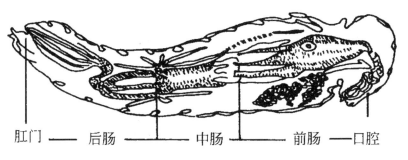

肛门 —— 后肠 —— 中肠 —— 前肠 — 口腔

■ 图 12　蝗虫的消化系统示意图

泡，不仅能够供应氧气，而且实际上形成一种物理鳃，用来吸收水中的氧，有一种叫作蝎蝽的水生昆虫，它们用来呼吸空气的是尾端拖着的那根细长管子，当它穿过水面膜时可进行呼吸。由于它们的身体细长，能贮氧的体积有限，因此常借助水生植物的茎秆，将身体固定住进行呼吸（图11）。有些种类的水生昆虫的幼虫，是通过身体两侧多毛状的气管鳃吸收水生植物进行光合作用后放出的氧来维持生命。

昆虫身体的内部构造，除气管和用来繁殖后代的精巢或卵巢外，还贯穿着完整的消化系统、神经系统和循环系统。

消化系统　　昆虫的消化系统是前连口腔、后达肛门的近似管状的构造（图12）。整个消化系统可分为三大段，即前肠、中肠和后肠。前肠的构造较为复杂。当昆虫进食时，食物经过口腔、咽喉、食道再送入嗉囊。生长着咀嚼口器的昆虫，在嗉囊之后还有一个用来磨碎食物的砂囊；生长着刺吸式或虹吸式口器的昆虫，因为吃到嘴里的食物是汁液，用不着再磨碎这道工序，砂囊也就退化了。

前肠之后紧接中肠（也叫胃），是消化食物的主要器官，同时也起着吸收已磨碎了的食物中营养的作用。中肠之所以能消化食物，是依靠肠壁分泌的、含有比较稳定的酸、碱性消化液进行的。

中肠末端连着后肠，后肠按其功能又可分为回肠、结肠和直肠三部分。这一大段主要起着水分的吸收、粪便的形成和把粪便通过肛门排出体外的功能。昆虫的粪便因种而异，其造型过程也是在后肠中完成的。

神经系统　昆虫的运动、取食、交配、呼吸、迁移、越冬、苏醒等一切生命活动主要是由神经系统来操纵的。神经系统的主要部分是中枢神经，它起着总调控和指挥的作用。由中枢神经上的各个神经节分出神经系通到内脏、肌肉及身体的各部位，并与所有感觉器官相连接（图13）。神经活动的物质基础是神经细胞，各神经细胞间因

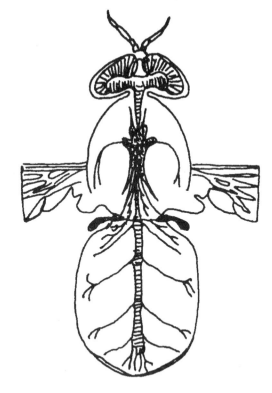

■ 图13　水蝇的中枢神经示意图

极其复杂的相互接触，将接收到的不同刺激信号传导开。在这种传递过程中，身体内的乙酰胆碱和胆碱酯酶两种物质起着十分重要的作用。没有这些物质的活动，神经和一切生理机能便会失控，如果真到那时，生命也就中止了。

　　循环系统　循环系统的主要器官是背管，位置在身体的背面中央，纵走于皮肤下方。昆虫的循环系统主要由心脏、大动脉、膈三大部分所组成（图14）。心脏是背管的主要部分，位于腹部一段，形成许多连续膨大的构造——心室。每个心室两侧有一对裂口，是血液流动时的进口，称为心门，心门边缘向内陷入的部分是阻止血液回流的心

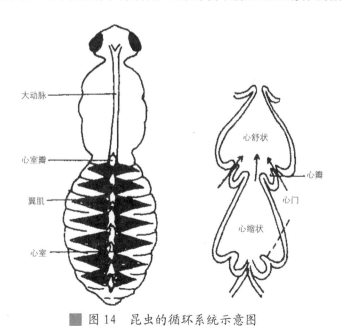

■ 图14　昆虫的循环系统示意图

瓣。每种昆虫心室的数量都不尽相同，一般有八九个，也有的合并或更多。如虱类昆虫的心室合并为 1 个，蜚蠊的心室则多达 13 个。

大动脉是背管的前段，自腹部第一节向上，通过胸部直达头部。大动脉的前端分叉，开口于大脑的后方，它的主要功能是输送血液。昆虫的内部器官均位于体腔内，血液分布于整个体腔，因此，体腔也就是血腔。体腔由生在背板两侧的背隔膜和腹板两侧的腹隔膜组成后分为三个窦。围心窦在背板下方，背隔上方，背管从中间通过。围脏窦在背隔与腹隔之间，消化道从中通过，并容纳着生殖器官。围神经窦在腹隔的下方，腹神经索从中间通过。在腹部背隔内的背管心脏部位由两层结缔组织膜构成，中间是环形肌，这些三角形的肌纤维由背板两侧达心脏腹壁，成对地排列着，这组结构叫作翼肌。翼肌的多或少与心室的数量相等。昆虫的血液循环，全靠心脏的跳动，通过心壁肌有节奏的收缩，先自后心室逐个将血液压送到前心室，如此不停地循环，维持着昆虫的生命。

综上所述，一只小小的昆虫有着如此多功能的节肢和复杂的输导网络，可称得上五脏俱全了。

五、天寒地冻巧谋生

秋末冬初，地净场光，树叶凋落，晨雾凝霜。在大自然中飞翔的蝴蝶，危害庄稼的黏虫、飞蝗，鸣叫的蝈蝈，叮人吸血的蚊子等，在这个季节里都不见了，是被寒冷的气候冻死了吗？事情可不是那么简单呢，否则，地球上怎么还会有那么多种类的昆虫年复一年、从不间断地持续产生和发展着呢？猜猜蝴蝶这些昆虫为什么不见了？原来昆虫在长期的演化和适应的过程中，学会了一套巧谋生活的顽强过冬本领。

（一）越冬前的机体变化

人们在冬季到来之前就准备好了御寒的衣物，家禽也会换上厚厚的羽毛，田鼠要贮备过冬的食物，小小的昆虫也不例外，冬季到来之前，它们也做了多方面的准备工作。

昆虫过冬前的准备工作，是在秋末气候开始变冷、大气温度平均下降到8℃～10℃之间开始的，而整个过程也是循序渐进、有条不紊的。

首先，是积累营养物质。昆虫在将要进入过冬之前就忙于大量取食，使身体内的脂肪含量逐渐增多，到了停止取食时，身体内的脂肪含量就达到了最高水平。与此同时，身体的其他组织内也在不断地进行着蛋白质和碳水化合物的贮存。这些物质的积累可补偿过冬阶段新陈代谢过程中所消耗的物质。

其次，是降低体内水分。正常生活条件下，昆虫体内的含水量很高，一般为体重的 70% ～ 80%，也就是说昆虫整个身体的大部分重量都是水。昆虫体内的水，一般分为两种：一种叫游离水，另一种叫结合水。游离水是昆虫从食物中和大气中直接取得的，这种水一般都没有直接参加身体内部一系列生物化学变化过程。游离水和一般的水相同，比较容易结冰。游离水多了，当温度下降到零度以下时，昆虫的身体就容易冻结导致死亡。结合水就完全不同，它不但在昆虫体内参与了一系列的生物化学变化，而水分本身的物理性质已经改变，因而结合水在零下十几度至零下三十几度都不会结冰，这就提高了昆虫的抗寒能力。

昆虫体内的游离水是在什么时间，怎样排出的呢？通常，昆虫体内游离水的排出是在两个时期进行的。

第一次排水是在昆虫停止取食刚要转入过冬状态以前。昆虫从消化道里排出所有食物残渣，随之部分游离水被排出体外，另外由于昆虫停止取食，不再从外界取得水分，但此时昆虫体内的代谢作用还很旺盛，借助呼吸时的蒸发作用又排出一部分水分；再者由于气候、光照等外界环境的改变，也促使昆虫体内进行着一系列的生物化学变化，在这种变化过程中，部分游离水就转变成了结合水。以上这些过程失去水分的总量一般占昆虫失水量的20%～25%。

第二次失水时期发生在温度下降到8℃～9℃时。这时，昆虫一般都进入过冬的隐蔽场所，但由于还没有进入真正的过冬状态，还要进行短时间的所谓的过冬锻炼。在这段时间内，昆虫又失去了1%～4%的水分。

昆虫在过冬前的准备过程中，除了贮存营养物质和降低体内游离水的含量外，还有一次改变趋性的过程。昆虫属于变温动物，它们的体温是跟随气温的变化而改变着，因此，天热了就向阴凉的地方躲，天冷了就要向较暖和的地方跑。这种向暖和地方去的现象，叫作趋温性。

趋温性是昆虫度过严冬的一种重要本能。

图15　在地下过冬的昆虫（幼虫和蛹）

例如专门取食蚜虫的异色瓢虫，天气变冷时，它们就争先恐后地飞到避风的墙缝、草堆以及仓库等较暖和的地方。在土壤中生活并度过冬天的金龟子幼虫（蛴螬）和叩头虫的幼虫（金针虫），天气变冷时，它们便向着土壤深处钻（图 15），这是因为 10 厘米以下深处的土壤温度要比大气温度高 7℃ 以上，20 厘米的深处要高 10℃ 多。土壤深度到达 60～90 厘米时，温度昼夜不变；深度达到 12 米时，一年四季中的温度保持着不冷不热的状态。虽然大部分昆虫不会钻到那么深，但钻入到 10～15 厘米的深处还是较为常见的。如果大气温度低于 -10℃ 或更低时，昆虫过冬处的土温却只有 0℃ 或稍低点，由于土壤温度较高，当然就不容易被冻死了。

也有些种类的昆虫要钻到树皮下、树干内，或田野、林间的枯枝落叶堆中过冬，这也是一种趋温性的表现。一般说树皮或较深树皮缝中的温度，要比大气温度高 2℃～5℃；在树干 2 厘米深的地方，温度比外面高出 5℃～6℃。即使在同一棵大树皮或缝中潜伏过冬的昆虫，向阳的一面也明显地比向阴的一面多得多，因为向阳一面的日平均温要比向阴的一面高 7℃～8℃。

人们也许会想到，如果冬季连降大雪，把在大地上过冬的昆虫深埋了起来，它们都该被冻死了吧。其实厚厚的

"雪被"盖满大地，保护了地面热气蒸发，反而使表土及较深土层免受寒风的侵袭及低温冰冻。据测量记载，在雪的覆盖下，一般土表温度可保持0℃或稍低一些。如果雪深达4～5厘米，对土壤保温起着重要作用，这就为在土表或土壤中过冬的昆虫，提供了一床既轻松又暖和的"鸭绒被"。

趋湿性也是昆虫一种谋求生存的本能。昆虫在过冬前虽然脱去了体内大部分冰点低的游离水，但在荒漠干旱地区，处于过冬期间的昆虫躯体及其周围环境中的水分，蒸发量要比回收量高得多，这对保持昆虫的生理活性极为不利，特别对过冬后的苏醒影响更大。因此，有些种昆虫（特别是在地表过冬的成虫），它们过冬前常选择在有枯枝、落叶、垃圾等比较潮湿的物体下过冬就是这个缘故。

（二）越冬发育阶段及越冬场所的选择

昆虫的种类多，生活习性复杂，过冬时的虫态也不完全一样。经过将常见的200多种农、林昆虫，按过冬虫态区分，得出的结果是：以幼虫过冬的占43%，以蛹过冬的占29%，以成虫过冬的占17%；以卵过冬的占11%。

当昆虫度过寒冷的冬天时，不论它们处于哪个发育阶段，事先都要挑选安全而且僻静的地方躲藏起来，才能进入静止不动的过冬状态。这种过冬现象，就像成熟后的植物种子存放在仓库里一样，生命并没有停止，只要内在的复苏条件具备，外界条件适合，它们就又开始活动了。

以卵过冬的昆虫，常见的种类大部分属于直翅目中的蝗虫、螽斯、蟋蟀；同翅目中的蚜虫、粉虱、飞虱、斑衣蜡蝉；半翅目中的盲蝽象等。鳞翅目中蛾类，鞘翅目中的叶甲，也有以卵过冬的，但为数很少。（图16）

每年秋末，各种蝗虫进入老熟期就准备产卵越冬。产卵时选择适宜的土壤和场所，用腹部末端坚硬的产卵器接触地面，腹部下弯，后腿支起，从生殖器官中排出液体，湿润土壤，同时生殖器用劲往下钻动，大约经过1小时后，就能挖出一个3厘米多深的洞来，这时把卵粒依次产下来。蝗虫在产卵时，还随卵粒排出些泡沫状的胶液，把所有的卵粒包严，最后形成一个与洞深相仿，不怕水浸霜冻的保险胶袋。卵产完后，还要做一番细致的安排：用后足刨土，把洞口填平，再用前足踏实。这样，胶袋里的100多个小生命就在这"育婴室"般的暖房中度过寒冷的冬天。

雌性蝈蝈的产卵管像马刀；蟋蟀的产卵管像倒拖着的长矛。它们的产卵器官虽有不同，但都是用这些"利器"把地面钻出个洞来，再把卵粒竖立着产下来。因为一个小洞只有能容纳一粒卵的体积，所以它们产完一粒卵后要再

■ 图 16　形形色色的昆虫过冬卵

1. 螳螂的过冬卵块　2. 蝗虫正在产卵过冬　3. 大青叶蝉正在树皮内产过冬卵　4. 蝉产在树木枝条内的过冬卵　5. 天幕毛虫产在枝条上的指环状卵块

钻洞再产。这样，它们的卵粒在土壤里是分散开的，细密的土壤便构成了天然卵袋。

蚜虫在越冬前，把大量具有坚硬卵壁的卵产在寄主的根茎上、枝杈间的向阳面及缝隙处，即使严冬也不会把它们的卵全部冻死。蚜虫就是凭借着这样惊人的繁殖能力和复杂多变的生殖方式越过严冬。

同是同翅目中的蝉和大青叶蝉，也都是把卵产在树木枝条上过冬的。两者在产卵时的不同点是：蝉有一根长矛头状的锥形产卵管，在产卵时能划破树皮并把卵粒输送到木质部中，而大青叶蝉的产卵器却像一把锯子，在产卵时能将树皮锯开一条月牙形的小缝，把卵成排地产在树皮内。

半翅目中的盲蝽象是把卵巧妙地产在植物组织内，借助植物的皮和茎的保护使卵粒过冬。它们的产卵方法都是在选择好产卵的寄主和部位后，先用刺吸式的口器在适当部位刺出洞来，然后才把产卵管举起，插入洞中，产下一粒卵后将产卵管拔出，再重复着前面的动作，产下第二粒、第三粒……有时在同一块植物茎皮中可连续产下几十粒卵。盲蝽象把卵产在植物组织里，它们是怎样使卵接触空气且保持活力呢？明年孵化出来的后代又是怎样从卵壳中钻出来呢？原来，成虫产卵时就意识到了这些问题，已经在卵的向外一端，留下了一个像是风雨窗样的盖子，来年幼小的虫子从卵里孵化后，只要用头顶开那扇特制的天窗便钻了出来。昆虫这些天然本领，就是精工巧匠也难以设想到。

鳞翅目中的蛾子，没有特殊的产卵器官，产卵器只是腹部末端的几节的拉长，因此，只能把过冬卵明摆浮搁，成堆或成块地产在树木枝干或其他物体上。为了能使卵块过冬，它们在产越冬卵时，除了增加卵壳的厚度外，还能把腹部末端的绒毛脱下来，粘贴在卵块外，好像给卵盖上一层厚厚的毛毯，这样不但可阻止卵粒将来孵化时所需湿度的散失，也可保护卵安全过冬。

以幼虫过冬的昆虫　能度过冬天的幼虫，多数都已接近老熟。这是因为刚从卵中孵化出来的一龄幼虫，体壁幼嫩，抗拒寒冬的能力极差；二龄后的幼虫，正处在快速取食和发育旺盛的阶段，体腔内所含水分较多，又没有储备足够的为过冬所需的脂肪，因此一二龄的幼虫对度过冬天还很不适应。

以幼虫期过冬的昆虫，除幼虫在身体生理上具备了过冬条件外，选择不同的过冬场所、编织各种形状的防护外罩也是必不可少的行为。（图17）

多种属于鳞翅目中螟蛾科的昆虫，如玉米螟、高粱条螟、粟灰螟以及多种为害水稻的钻心虫都以老熟幼虫钻蛀到稻秆深处或根茎中过冬。这些昆虫常常在越冬前尽量延长"隧道"的深度，并用啃下来的碎屑将隧道周围填满，

1

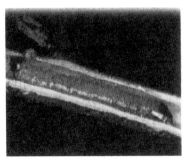

2

3

4   5

■ 图 17　形形色色的昆虫过冬幼虫

1. 在作物秸中过冬的玉米螟幼虫　2. 在树枝内过冬的木蠹蛾幼虫

3. 在石山干枯苔藓上过冬的苔蛾幼虫　4. 在蓑袋中过冬的蓑蛾幼虫

5. 越冬后刚苏醒的天幕毛虫幼虫即织结丝网为害植物

又在隧道进口处吐丝结上一层薄网，这样不但能保持温度，也提供了越冬的安全感。

大豆天蛾以幼虫度过寒冬，当冬季来临，老熟的幼虫便靠坚硬的头壳和身体的蠕动，钻到寄主附近的土里，利用身体上下左右摇摆、挤压，做成一个坚固的土房子。房子做好后，还要从嘴里吐出黏液，用来涂刷室壁，使土室更为牢固和光滑。冬季它们在土室里进入休眠状态，醒来时已是春暖花开了。

为害梨树、海棠的星毛虫，因为它们最喜欢取食这些树的嫩梢。如果以老熟幼虫过冬，来年春天再化蛹，变作成虫产卵，就要错过春天取食新芽的良机。因此，它们便以刚脱过一次皮的二龄幼虫过冬，并且在不远离寄主的地方选择树干向阳一面的裂缝，或选择砍伐枝杈时遗留下的伤疤处以及其他害虫钻蛀过的旧洞作为它们过冬的理想场所。地点选好后，还要拉下身上的长毛混合吐出来的丝，织成毛毯裹住身体抵御严寒。

刺蛾幼虫性情凶狠，如果你不小心碰它一下，就会被它狠狠地报复一回，使你的皮肤痛痒好几天。人们给它起了个名副其实的外号——"洋辣子"。"洋辣子"不光性情不善，还是个胆大妄为的家伙呢。当它吃饱喝足开始蛰伏时，便爬到枝杈处，用吐出来的丝和从口中吐出来的黏液再缠绕身上的毛，做成一个鸟蛋形的，外部布一层不同颜色花斑的硬茧，这既成为伪装，可避免鸟兽伤害，又成为过冬的安乐窝。

蓑蛾又叫避债蛾，从小就胆小怕事。自从从卵中孵化出来后，就会用啃碎的叶片、排出的粪便及吐出来的细丝织造一个能遮风挡雨的像件蓑衣样的袋子，它终生躲在里面生活，只有吃东西时才把头和胸足伸出来。这样，它们过冬时就不再要做任何准备了，只要爬到墙壁或树干，找个避风的地方，再把身体缩入，吐丝将袋口扎紧并与墙壁或枝干粘连牢固，这样就可以安然过冬了。

木蠹蛾幼虫和天牛幼虫，它们整个幼虫期就生活在树干内，在树干中取食并构筑隧道，过冬时无须再精心遮盖，只要用粪便把洞口堵严，就万无一失了。

以蛹过冬的昆虫　　以蛹过冬的昆虫数量种类不多，这是因为虽然蛹态的表皮比较坚硬，可遮风御寒，但毕竟是较长时间过着静止生活的阶段，在这个阶段缺乏躲避鸟兽、寄生性昆虫等天敌的能力。

多种蝴蝶是以蛹期度过冬天。蝴蝶一年中的最后一代幼虫，在进入冬眠前便向着篱笆、墙壁和多种作物的稻秆上爬去，选择僻静、向阳、遮风环境，先吐出些丝来将尾部与所栖居的物体粘住。有些种类，还吐出多条细丝绕结

　　　　　　　　　■ 图 18　形形色色的过冬虫蛹

　　1. 在地下土茧过冬的天蛾蛹　　　2. 在枯枝上过冬的蛱蝶垂蛹
　　3. 在寄主枝干上过冬的花椒凤蝶挂蛹　4. 在地下土室中过冬的芜菁假蛹

在一起，从腰间盘绕一圈，像是一条腰带将身体固定住，然后靠身体的蠕动及在脱皮激素的作用下，脱去旧衣，变成个失去运行能力的活像泥菩萨样子的蛹。这时如有天然敌害侵犯，唯一的示威表现就是将身体抖动几下。

蛾类的蛹大部分是在地下的土茧中过冬。因为土壤成了它们冬眠温床，只要不受到冬耕翻地的破坏、禽畜的刨食，就可安全过冬。

以成虫过冬的昆虫　大多数昆虫在成虫期能取食，或有坚硬的体壁。只要它们把肚子吃饱，储备下供冬季消耗的足够养料，并选择好越冬场所，就能熬过漫长的冬季。

双翅目中的蚊、蝇，大部分是以成虫过冬。每年气温逐渐下降，冬季将要来临时，它们就钻到石洞、菜窖、空房、畜舍等阴暗挡风的角落里躲藏起来度过冬天。

（三）越冬醒来之前先输液

过冬的昆虫熟睡了一冬，当天暖和了就会很快醒来寻找食物，延续它们的生命。一般认为温度是促使昆虫苏醒的重要条件，然而事实并不完全是这样。

昆虫在准备过冬前，为了降低体内冰点，免遭冻死，曾排出了体内大部分水；过冬期间为维持肌体活力和较缓慢的代谢过程，又消耗了不少水分。整个冬季身体失水过多，阻碍了正常的生理活动。严冬结束前，为了少许湿润一下干涸了一冬的外表皮和满足体内生理活动所需要的水分，它们就借助体壁、呼吸系统以及消化系统等各种能用来吸收水分的器官，尽量吸收土壤、空气和植物体蒸发的水分，等到向体内输送的水分足够用时，才开始苏醒活动。

人们做过这样的试验，玉米螟幼虫的过冬死亡率一般在 50%～60%，其中多数是因春季失水造成的。

危害棉花的三点盲蝽象的过冬卵，早春空气湿度在 60% 以上时，5 月初才能开始孵化，如果没有足够的水分供卵吸收，或久旱不雨，幼虫就不能从卵中孵化出来，这时它们一直要等到有雨露滋润时才苏醒并冲破卵壳重返大自然。

过冬昆虫的苏醒，除要吸收足够的水分外，食物的出现也是苏醒的信号。因为昆虫的发生、发展与植物有着相应的同步性。这是自然界赐予生物的天赋。如以卵过冬的蚜虫，只要所需寄主开始发芽，它们就破卵而出去吸吮嫩芽的汁液。同样专门食蚜虫的食蚜蝇，只要蚜虫刚一露面，它们也紧跟着苏醒，把卵产在蚜虫群中。蝴蝶、蜜蜂等嗜花采蜜的昆虫，只有春蕾怒放时，它们才展翅飞翔。

熟睡在残叶枯草间的小甲虫、叶蝉、蝽象等多种成虫，只要天气变暖、春雨蒙蒙，万木回春时，便开始活动起来，到处寻找可口的食物。

六、巧弹琴弦寻知音

地球上出现虫声和到处可以听到虫声的情况，可能在人类出现之前就已存在了。这也仅仅是一种猜测，但是有一点是可以肯定的，那就是自从人类有史以来便已经注意到昆虫的鸣叫声了，这可以从古书里找到证据。数千年前，我们的祖先就在与大自然接触及劳动中，创造和不断完善着自己的文化。他们在编咏的歌谣和诗句中表现出了许许多多和虫鸣有关的章句。《诗经·召南·草虫》记载的"喓喓草虫"，就是指生在丛林草际中的螽斯。在 2000 多年前的《礼记·月令》和《吕氏春秋》中，就曾把某种昆虫鸣声的出现，作为时令及季节变化的标志，这说明古人已有了相当丰富的自然知识和对昆虫的生物学习性有着较深入的认识。

但是，有哪些昆虫发出的声音是真正的生物音响？它们是怎样鸣叫的？各种不同种类的昆虫鸣声有什么特点？它们为什么鸣叫？等等。要对其中的问题进行较全面的解释，并不十分容易，因为这要涉及生物学和物理学多方面的专门知识。

（一）哪些昆虫会"唱歌"

夏季，河岸柳荫中群蝉高歌；秋夜，草丛中虫声唧唧；

禾田、树丛中螽斯发出鸣声。在自然界的合唱队中，鸟和昆虫究竟谁的歌声更优美动听，恐怕最有资格的音乐家也难做出正确的判断。不过，要论资历的长短及鸣声的音质，虫要夺冠，鸟却要落选。因为昆虫在地球上出现的时间比鸟类要早约1.9亿万年。

昆虫中有很多种类能发出声音，要评选歌手，首先要从那些身配"音器"，能用不同形式和方法来拨弄"琴弦"，而且使人听来感到音韵幽雅入耳的昆虫中去挑选。

昆虫中的歌手，蟋蟀可以称"星"。蟋蟀俗称蛐蛐，是一个昆虫类群的总称，有数十种之多，可以说是个规模不小的田间合唱队。由于它们的鸣声婉转动听，惹人喜爱，人们根据不同种类的外形及颜色的深浅，给它们起了不少美妙的"艺名"，如青麻头、红麻头、关公脸、蟹壳青、大元帅、黑李逵、金琵琶、长尾梅、花翅膀等等。其实它们在昆虫学中有着各自的归属和真名实姓，它们都属于昆虫纲中的直翅目蟋

■ 图19 雄鸡斗蟋蟀

蟀科。蟋蟀不但善鸣，而且更喜斗，故有雄鸡斗蟋蟀（图19）的故事流传至今。

随着人们生活水平的不断提高，蟋蟀已成为休闲玩乐的宠物。不少城市成立了蛐蛐协会。在山东集宁区，每年举办国际蛐蛐品种评比会，以鸣声、斗姿优劣决出蛐蛐的胜负。

姬蟋是蟋蟀科中的优质种类。它们的鸣声多变，声音洪亮，在适宜的气候条件下，当夜幕降临时，便"嚁嚁嚁……唧唧唧唧……"叫个不停，可以算得上合唱队中的领唱了。

鸣虫中的螽斯，属于直翅目中的螽斯科。这个合唱队，也很有点名气，不但队员多，而且有闻名的歌手蝈蝈做台柱，人们不仅爱听它的歌声，还把它捉来关在用高粱篾儿编制的小笼中，挂在凉台或葡萄架下，观赏它那翠绿的衣冠以及用前足梳头洗脸的滑稽动作。

织螽，俗名纺织娘，顾名思义，它们常发出像是老式木制织布机织布时发出来的"唧扎、唧扎"声。似织蟋蟀的发音，像是有意与纺织娘音调互相搭配而发出穿梭般的"似织、似织"声。草螽斯、树螽斯、绿螽斯等发出"吱里、吱里"，"卡扎、卡扎"各种声调。属于直翅目、金钟科的金钟儿，虽然在大自然中的个体数量较少，但也常以它那铜铃般的钟声，旁敲侧击地为螽斯合唱队伴奏。

蝉，俗名知了。在昆虫纲中属于同翅目蝉科，我国现记载百余种。蝉儿总爱攀登高枝，自命不凡，只有在绿树成荫的"剧场"，它们才肯亮相激昂高歌（图20）。蝉类合唱队，常常随着季节的变化轮换演员登台，同时也传递给人们转换季节的信号。

蟪蛄是最早登场的歌唱演员。春末夏初，麦穗稍黄，它们就发出尖锐的"吱吱……唧唧……"的叫声，好像运麦大车轴瓦的摩擦声。也许是由于这些演员体小力薄，总喜欢在低矮的树干上演唱，而且时间也短，整个演唱会只有半月余。

黑蚱蝉鸣声响亮，震耳欲聋，偏偏它们又喜欢同时登台，当群蝉齐鸣时，常常使人感到烦躁。不过它们可起到天气预报的作用。谚语说："群蝉齐鸣天必晴""晴天蝉眠天要阴"。黑蚱蝉在蝉的种群中，称得上黑大个，声音又是那样"咋咋咋"地叫个不停。

■ 图20 攀枝高歌的蝉

鸣鸣蝉性情孤独，只有半山区才能听到它们那"鸣鸣鸣……哇"的"喊冤声"，像是为被赶出了合唱队而鸣不平。鸣鸣蝉的仪表装饰要胜黑蚱蝉一筹，粉绿色的身体，夹杂着些黑色条纹，表面不均匀地涂着一层自身分泌出来起着保护作用的蜡粉。

伏了蝉，又名寒螀，每逢夏至时节才登台献艺。它们像是有点未卜先知，伏天刚到，它们便"伏了伏了"地叫个不停，也像是告诉人们，伏天过完，气候将变凉，应该提早准备御寒的棉衣了。伏了蝉体形略小于鸣鸣蝉，体态端庄，黄绿色的外衣上点缀着星星黑斑。由于它们的发音器官较大，鸣叫时腹部总是不停地起伏着，也起着调节音量和频率的作用。

寒蝉和茅蜩蝉始终是音乐会的压轴，入秋时才开始发出"嗞嗞嗞"的鸣声，声音显得那么凄惨急躁，好像在唱寒冬将至性命难保的悲调。红娘子蝉，声音最小，但由于身着鲜艳红装，成了舞台上的佼佼者。

在自然界中能从发音器官发出声音来的昆虫都是雄虫。

除上述这些鸣声响亮、持续时间长、有特殊构造的发音器官的昆虫种类外，属于鞘翅目中的天牛、金龟子、锹形虫，属于鳞翅目中的天蛾、枯叶蛾、箩纹蛾等，当它们的成虫或幼虫被捉住，或受到惊扰时，也能靠身体节间的挤压和摩擦，发出尖锐的"吱吱"声来。直翅目中的蝗科昆虫，也有不少种类可发声。膜翅目中的蜂类，双翅目中的蝇、蚊、虻等昆虫，由于在飞行中翅膀与空气的互振作用，也能发出"嗡嗡"的声音来，可是它们不具有特殊的"乐器"——发音器官，无疑没有登台表演的资格。

（二）昆虫是如何发声的

昆虫的鸣叫声，有长有短，有高有低。即使是同一种昆虫发出来的鸣叫声，也不会是同样一个音律。那么它们是怎样"弹拨琴弦"和"调音定调"的呢？这就得先从每个昆虫的发出声音的器官的构造和声音的来源说起。

人们常说蟋蟀是振翅而鸣，这话千真万确。蟋蟀成虫的胸部，长着两对发达的翅，前面的一对翅膜较厚，叫作复翅。翅的两侧向下弯曲，分别覆盖住腹部的背面和两侧，后翅较薄，平时像一把柔软的折扇，折叠起来隐藏在前翅下面，因而不易见到。在雄性中复翅的中部内上方，生长着发达的发音器官，而雌蟋蟀的复翅却没有发音器官，而且翅也较短，腹部末端除与雄蟋蟀一样有两根带毛的尾须外，还拖着根矛头状的产卵管。

雄蟋蟀的发音器官，是由复翅上的音锉和刮器两部分组成。音锉长在前翅基部一条斜翅脉上，上面顺序排列着数十个像锯子一样的小齿。刮器则长在音锉的前下方，是一条比较坚硬的翅边。蟋蟀鸣叫时，总是右复翅盖在左复翅之上，两个复翅高举在背上成 45° 角，然后由胸肌牵动两翅，不停地张开又闭合，这样两个翅上的刮器，便与相反方向翅上的音锉产生摩擦，造成复翅上的镜膜振动，发出清脆的鸣声。音律的高低与长短，由刮器对音锉的刮击轻重和连续性来调节。刮击的程度重，复翅上镜膜的振动强度大，频率快，发出的声响就大；连续刮击，音节长，时而间断就音节短。刮击有轻有重，有断有续，这样便会演奏出优美的旋律来。（图 21）

蠡斯科的发音器官的构造，音节的调

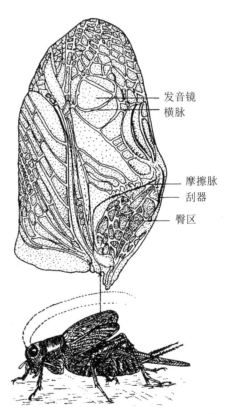

发音镜
横脉

摩擦脉
刮器

臀区

■ 图 21　蟋蟀成虫及其发音器官的构造

奏方法与蟋蟀大致相似，所不同的是，螽斯的左复翅总是盖在右复翅上，复翅上的镜膜更为宽大和透亮，这样就提高了共振效果和音量强度。螽斯的身体较大，相对来说音锉也较长，但锉齿稀而大。不同种类的螽斯在1毫米长的音锉上。有齿突十几个至三十几个不等，这就使音锉与刮器间的距离拉长，因此，不但鸣声响亮，音节也更曲折。螽斯的胸部发达，鸣叫时复翅的振动快，因而发出的声音中，有一部分音波频率每秒钟能高达63000次，而且正是人耳能听到的频率范围；但还有部分音波频率较低，人们难以听到，也就难以与人沟通语言了。

蝉类的歌声高昂，是因为它们的发音器官在构造和部位上别具一格。《淮南子》说："蝉无口而鸣。"这是因为古人认为只有口腔才能发出声音来的误解。

蝉的发音器官，所生长的部位确实与蟋蟀、螽斯不同。它们的发音器官生长在腹部腹面第一节的两侧。最先能用肉眼看到的是两块半圆形的黑色盖板，全部发音机能便都隐藏在盖板下的洼槽中。洼槽上面的空腔，叫作共振室，起着扩大声音强度的作用。共振室后面有块像镜子一样的平滑薄膜，叫作镜膜，这是蝉的听器。在盖板下面的上前方，有着既薄又脆，但很结实的膜，叫作声鼓，这才是蝉的真正的发音器官（图22）。当蝉要鸣叫及调整鸣声的高低和节奏时，除借助腹部的不断起伏外，就要依靠声肌收缩的快慢和强弱来决定。收缩快音节就短，收缩慢音节就长；收缩的强度大，声音就高，相反就低。故有"蝉以肋鸣"的说法。

（三）为谁"弹琴唱歌"

昆虫唱起来是那样起劲，鸣声悦耳动听。那么它们为什么鸣，又是在为谁唱歌呢？要了解其原因，就要从昆虫在自然界的行为说起。

图 22 蝉的发音器官

蝉儿是在绿树成荫的地方才放声歌唱。当一只雄蝉鸣叫时，便会召唤来知音雌蝉，当雌蝉停歇在同一枝条上后，两只蝉便以退或进的动作不停地移动着，直到接近而进行交配为止，然后雄蝉飞离，雌蝉选择适宜的鲜嫩枝条，用矛头状的产卵器刺破枝条韧皮部，把粒粒白色卵子产在木质部里。这是昆虫以鸣声来招引异性的行为。

如果你用网捉住一只雄蝉时，它会发出震耳欲聋的惊鸣声，停息在周围的蝉儿听到后便会纷纷飞走或警惕起来。这是昆虫用鸣声向同类传递危险信号的报警行为。

当雄蝉被鸟儿捕住时，起初蝉并无反抗表现，等鸟衔蝉起飞时，蝉会猛然发出强烈的尖叫，使鸟骤然一惊而松口，蝉便趁机逃脱，这是以惊吓声逃避猎敌的行为。

蟋蟀的声音节律变化较多，因此不同鸣声的作用也更复杂。蟋蟀在正常情况下，喜欢在田野中的草丛内挖个浅洞，独身生活，但当雄蟋蟀发育成熟，需要找个伴侣时，便发出普通的鸣叫声，用来招引异性。雌蟋蟀在距 30 米以外也能被雄蟋蟀的鸣声唤来，在 30 米以内时雄蟋蟀才发出优美的"求爱声"。这是以鸣声选择配偶的行为。但当有"第三者"插足时，两只雄虫便会展开一场争夺"新娘"的恶斗，各自同时发出激烈而带有威胁性的鸣声。这是一种制造气氛的助威声音。

昆虫在进行生殖活动时发出的鸣声只能局限于被同一种类接收，这对于保持种族繁荣持续性发展有着重要意义。

昆虫的鸣声，还有助于使同类之间的行动趋于一致。例如蝗虫在成群起飞前，利用翅膀发出的摩擦声召唤同族共同行动。

因此说，昆虫的鸣声绝不是向人们传递感情和友谊，而完全是在同类之间寻找知音。但这种鸣声对大自然来说，也确实增加了不少情趣。也有人猜想过，昆虫发出的优美鸣声，是否对植物的生长有诱导作用？是否对人的康寿有助益？这些就有待青少年朋友探讨个究竟了。

七、昆虫的行为与生存

昆虫为了谋求生存，不得不在较短时间内做出快速的反应。为了做到这一点它们必须迅速地将各种感觉器官监听到的信息传递到神经节及各运动机制，再做出不同形式的反应。

在昆虫演化过程中，由于淡化了细致的模仿能力，相对来说却增强了经过刺激作用而产生的反应能力，这就是人们常说的行为反应。

昆虫的表现行为有两种：遗传行为（先天的）和模仿行为（后天学来的）。遗传行为或先天行为也常称为本能，是昆虫对各种外部刺激如机械感受、化学感受、光感受及热感受等做出的反应。模仿则是昆虫从生活经验中学来的。因此，同一个物种的不同个体具有两种行为。

（一）基本反应行为

基本反应行为主要表现形式为遗传行为。最简单的遗传行为表现是条件反射。昆虫的神经系统与环节动物相似，主要包括脑和一系列神经节，以及与其相连的所有神经。昆虫将感觉神经末梢接收到的刺激传到中枢神经，再由中枢神经系统整合后发出指令，引起效应器产生相应反应的过程叫反射作用。完成反射作用的机制叫反射弧。（图23）

昆虫最常见的反射行为是光反射，即人们经常提到的趋光性和逆光性。光对于昆虫的昼夜活动，

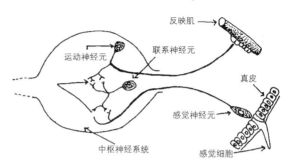

图 23　昆虫的多神经元构成的反射弧示意图

起着决定性作用。绝大多数昆虫的活动如飞翔、取食、交配产卵以至卵的孵化、成虫羽化，均有各自的活动时间表，即昼夜规律。这些也就成为种间的特性，也可称为有利于该种昆虫的生物学习性。因此，人们把白天活动的昆虫称为日出性或昼出性昆虫，把夜间活动的昆虫称为夜出性昆虫，把黎明或黄昏活动的昆虫称为弱光性昆虫。

昆虫的活动节律性，除与对光的条件反射有关外，也与它们所捕食对象的日或夜出性有着密切关系。现代人们在防治有害昆虫或收集有益昆虫时，已对它们的趋光性及逆光性加以利用。（图 24）

昆虫接收光照的时间及对光温的高低都有着不同的反应。飞行中的昆虫，不可能有固定的路线，但可利用太阳光，再配合地面目力可视的物体导航。如膜翅目中的地蜂、蜜蜂、胡蜂，当它们选定了巢的位置后，便在巢的周围做

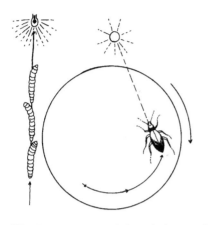

■ 图 24 正趋性昆虫的向光性及在旋转平台上对固定趋向的爬行轨道

短距离数次飞行，以侦察地形和物体，确定巢的方位，待日后在采蜜归来时，便可准确无误地直奔巢位。如果巢位变更，就明显地表现出重新定位飞行过程。昆虫还能利用经光源反射出的植物叶片或花朵上的不同颜色，来选择可口的适宜食物。

（二）扩散迁移行为

昆虫所具有的迁移、扩散、聚集行为，不外乎是为找到充足而适宜的食源和优越的生活环境。昆虫的迁移扩散可分为被动及主动两种类型。

被动扩散迁移　被动扩散迁移包括气流、水流、人为携带。被动迁移往往多发生在昆虫从无翅型转变为有翅型的季节，或虽主动转换寄主但尚未固定下来之前，也见于飞翔觅食过程中。季节性转换寄主时，如遇强大阵风或气流，对体形较小的种类如蚜虫、蓟马、叶螨等表现明显。日间活动的体小翅大而薄的昆虫种类如蝴蝶、蜻蜓等，当它们飞行在花间觅食、湖泊饮水、追逐异性交配时，如遇空气水平运动的速度超出昆虫种类固有的飞行速度时，常常不自主地被带到远方。这会因强迫迁移而脱离寄主及其适宜生活的生态环境而不能再衍繁后代，或因强风力、气流、水流折损昆虫肢体而造成大量死亡。被动扩散、迁移对某些昆虫的种群保护极为不利。

主动扩散迁移　这里所涉及的主动迁移，是指某些种昆虫的生殖生活中不可缺少的主动迁移行为。这种现象多表现在体形大、食源广、群居性强的一些种类中。如蝗虫大发生时，常数以万只至千百万只以上为群体，过群居性生活，当食物被吃光时就必须飞迁，寻找新的食源。又如飞蝗产卵时必须选择滩涂、沼泽、湖泊岸边等适宜的衍繁后代场地。这种行为是主动而有目的性的。舞毒蛾的一龄幼虫表现出非常确切的、依靠风力转移扩散生活范围的行为。舞毒蛾的卵多集中于清晨孵化，待到中午时幼虫便都爬到树木的枝条顶梢并吐丝下垂，当地面高湿蒸发产生的水平和垂直气流达到最高流动速度时，它们便借助气流垂丝摆动，直到风力大得将它们吹离丝线时，便顺风迁移到新的寄主植物及生活环境中去了。此时幼虫身体两侧的长毛也增加了漂浮力，这就使它们的扩散面积增大、距离加远。

昆虫的扩散迁移行为，无论是被动的或主动的都既能获得遗传的或生态上的利益，也能增加基因库混合的机遇，从生态角度讲，迁移可使某一个种离开恶劣或拥挤的环境，找到食源丰富及种群稀疏的生境，获得新的生存条件。研究随着迁移昆虫的离开或到来而发生的大规模种群变化，在对害虫危害程度的评估，以及制定治理措施上都有着重大的实际意义。

（三）信息传递行为

昆虫能够利用触觉、视角、听觉以及其他化学方法进行种类间的通信，而许多种昆虫又可利用综合的方法来指挥和调控其行为，以便履行一定的生物学的功能。例如，为了繁衍后代，昆虫可产生特殊的气味、发出奇异的声音，将许多分散生活的个体集合起来，而后由于包括视觉暗示的和追求行为进行配对，雄虫随之释放出挥发性的催化剂，或用触摸刺激雌性引诱其进行交尾。昆虫的一系列行为涉及多种通信方法。

化学通信　昆虫的化学通信涉及一系列的化合物，统称为激素。它是由特殊的成分组合成的，由特殊的腺体分泌，在特定的时间释放，能抑制或者起到特定的生物学功能。昆虫体内的激素可协调昆虫内部的生理变化与行为过程，如脱皮、滞育等；而散发到体外激素（称外激素）则可协调种群个体之间的生理和行为活动。因此，外激素可起到生殖、聚集、集体防御、调整种群密度等多方面的作用。

在鳞翅目的蝶、蛾类中，外激素分子可被雄性羽状触角上的成千个嗅觉感受器所接受。当雄虫触角上的感受器截获"召唤"中的雌虫气味时，便飞入带有气味的气流中，直到找到雌虫为止（图25）。绿尾大蚕蛾的雄虫能在7千米外找到放在诱笼中的雌虫。对具有两性异体的梨步蛐和枣步蛐（雌性无翅），化学通信尤为重要。

■ 图25 昆虫（眼蝶）的化学通信示意图

蚂蚁远途离巢觅食不会迷路，是因为它们在行走时即布下了"蚁路"。这种路线是由蚂蚁释放的弥雾状小滴的外激素做标记形成。白蚁可由腹部特殊腺体产生的外激素来标记行走路线，并能召集和示意工蚁快速修补遭到破坏的蚁道。

听觉通信　声音也是昆虫在不同距离内的联系方法，这种声音是昆虫身体上的机械感受器受到波动的结果。昆虫发声的方式有几种类型：通过不同的活动产生；身体的某一部分碰击物体产生；身体上两个表面互相摩擦产生；由膜振动和气流搏动产生。

蝇、蚊类双翅目昆虫常利用翅的拍打发出声响来寻找并能将两性集合在一起，如埃及伊蚊的雄性可被已成熟的雌性飞翔时的拍翅声调来，但未成熟的雌蚊发出的声调对雄蚊不起作用。

蝗虫利用粗壮的后足胫节敲击地面，其声音通过地面传导的低频率振动反射，能将同种的异性或多个同性个体集合起来。直翅目中的蝗科、螽斯科、蟋蟀科以及半翅目中的蝽科和部分鞘翅目中的甲虫，可用身体上两部分的表面，或依靠特种形状的齿拨动发出音响。有些种类的某些部位有着不同形状的脊状结构形成的摩擦器或音锉，这些结构之间的移动可发出声音（图26），

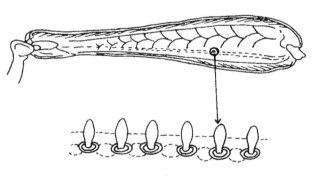

■ 图26　蝗虫足节上的排状音锉

这些不同的声音有召唤、求爱、交尾、攻击和报警等作用。

蝉的发音是由肌肉驱动的膜发出声音。这种"卡扎"的声响，只有同种雌蝉才能成为知音。鳞翅目天蛾科面形天蛾亚科中的一些种类，可通过搏动气流发出声音。它们是通过咽喉的扩张吸收空气，而涌进来的气体使内唇发生振动，便发出搏动物体似的低调，空气被排出时又发出尖锐的"吱吱"声。天蛾发出带有恐吓性的音响，可用来逐敌，起到了保护自身安全的作用。

视觉通信　在同种个体之间通过直接视线，是短距离通信的有效方式，其表现形式为发光，因此也可称光通信。典型的能发光且用光通信的昆虫是鞘翅萤科的一些种类。

萤火虫的发光系统是由 7000～8000 个大型的发光细胞构成的，这些细胞成排地分布于腹部末端的表皮下。发光细胞排列成圆柱形，每个细胞间有主气管与神经相通，然后经过侧支与微气管相连接，由微气管把吸进的氧气输送到发光细胞附近。发光器中的荧光素化合物在荧光酶的作用下，经氧化发出光来。雄萤火虫在空中飞翔时发出荧光，这时在草丛中栖息的无翅型雌虫，便发出回敬光信号，诱来雄虫交配，而幼期发光除有逐敌作用外，还可用光聚集同族围捕较大猎物或分享食物。

触角通信　触角通信只有在多个个体集合到一起时才

有效。昆虫在性成熟时，常通过细腻的触摸达到求爱的目的。蚂蚁在交换探路、觅食、互相保卫等信息传递时，常见的动作就是彼此间的触角碰撞。螳螂经过雄雌触角的接触后，即进行交配，不久雌螳螂便回过头去小心地用上颚咬下雄螳螂的头部并作为食物吃掉，这种交配活动有利于卵块的饱满以及卵粒受精率的提高。

报警、集合和征召通信 报警与集合是昆虫用于防御、采集食物等生活过程以及保持种群优势所必需的。当一只蜜蜂遇到来犯者时，最初的防御动作是伸出螫针、螫刺，同时体内的毒腺及杜氏腺也随着螫针上的倒钩遗留在被螫者的皮肤里。在螫刺放出的同时昆虫释放出一种叫作醋酸异戊酯的化合物，其他蜜蜂接收到这种高度挥发的物质后，便进入警戒状态。危险过去后，报警激素也随之消失。

昆虫种间的识别，在营社会生活的类群中尤为重要。蜂王在同一个巢中，不但体形与其他蜂种有别，而且受到尊敬，这是因为蜂王分泌的气味物质也与其他蜂种不同。一只有生命活力的蜂王，对它自己的蜂群有着令人惊奇的控制权。当另一巢的蜜蜂或其他昆虫"偷渡"进来后，由于气味不同，便受到群起攻击，展开一场逐敌战，这显示了气味在蜜蜂群中的独特群体效应。

（四）攻击和防御行为

昆虫的防御是为了自身的安全而演化出来的机制，有的竟达到令人难以置信的地步。昆虫的防御机制较为常见的有以下几种。

动作行为上的防御　昆虫中最直接的动作防御，即三十六计中的走为上计。对体形小而且能迅速加快运动速度的昆虫来说，跳跃和飞逃是两种极为有效的防御方法，任何曾经尝试过用手捉蚂蚱、抓苍蝇的人都可证明这一点。

大青叶蝉在生活的植物茎秆上横行，但要设法躲避天敌的窥探和猎取。

昆虫的另一种防御方法是反射性坠落。稍有动静即坠落在杂草或灌木丛中，使侵犯者难以找到。这种现象常见于鞘翅目中的多种瓢虫、象鼻虫成虫以及鳞翅目中的部分幼虫。这种假死行为和诈变的姿态能有效地吓跑敌手，或使其暂时停止进攻而给自己制造借机逃脱的机

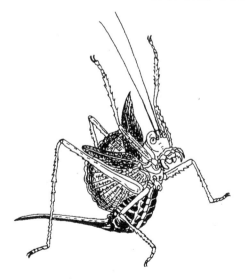

■ 图 27　螽斯的恐吓姿势

会。巴西天蛾幼虫在遇险时，可将身体变曲显示出鳞甲形状的斑纹，并前后左右摇摆，宛如一条小蛇，这对敌手可起到恐吓的效果。螽斯为了避敌，动作上也可一反常态，借以逐赶敌手。（图27）

构造上的防御　有些种昆虫的体壁革质化程度很高，即使鸟类也难以啄破。鞘翅目昆虫之所以能冠以这种目名，就是因为它们的外壁极为坚硬，难以被破坏。

蚂蚁中的兵蚁的头壳和大颚极为发达和坚硬，它们常用头部的大颚进攻敌人，护卫王宫，或用头来堵塞蚁道，阻挡侵略者袭击。（图28）

革翅目中的蠼螋腹部末端总是拖带着一对骨化程度很高的尾夹，不但可以用来保护幼儿，逐赶侵入巢中的敌人，也是用来猎食的利器。

多种昆虫的幼体上有变形的刚毛、枝刺，这些构造与

图28　欧洲蚁的护巢行为

（用大颚堵塞巢口）

体内的分泌毒液腺细胞相连，当与人体接触后，会使人皮肤痛痒。（图29）这种变形的密集毛可阻止食虫动物吞咬，也增加了寄生性天敌在其体外产卵的困难。

■ 图29　刺蛾幼虫（身上的枝形刺与人的皮肤接触后可使人痒痛）

化学防御　在陆生的动物类群中，昆虫表现出了广泛且多样性的化学防御能力。昆虫的化学防御从广义上讲可分为三种：利用口器分泌有毒化学物质；利用体壁腺体分泌有毒化学物质；利用螯针注入有毒物质。

当人们用手捉到一只蝗虫或蝈蝈时，它们便从口中吐出浓绿色的黏液。据说这种黏液的作用与一种可抵抗蚁类的人工合成杀草剂的作用类似。

昆虫用于防御的大多数化学物质，可以用来阻止敌害的进攻。如果这些物质的浓度较大，也具有较强的杀虫性。有些昆虫分泌的化学物质以毒性为主，如鞘翅目芫菁科昆虫，它们体壁中所含有的叫作斑蝥素的物质，则是强烈的黏膜刺激剂和发泡剂。同是鞘翅目中的隐翅甲，它们

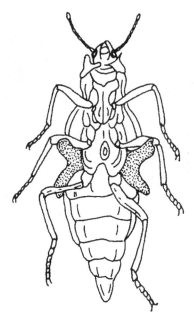

图 30　隐翅甲
（示其身体腹面翻出的毒腺）

的身体腹面有可向外翻出能分泌"隐翅甲素"的腺体（图30)，与人体接触后可引发人皮炎。步甲科的"放屁虫"在从肛门中排放防御性气体时，对方不但能听到气体向外的冲击声，还可闻到刺鼻的硫黄味。这种防御机制是因为有腹腔外与表皮间的气囊，由腺体所分泌的氢醌与过氧化氢就贮存于囊中。当两种化合物进入表皮室，并与室中的催化酶接触时，发生的反应就造成了氧化气的突然排放。

迷彩防御　昆虫的迷彩防御可归纳为保护色彩、警戒色彩、拟态三种类型。保护色也可称为伪装，这种保护形式能否成功，取决于所选择的栖息处与背景的配合。一只有隐蔽特点的个体在停止下来时，必须快速地选择合适的背景，而且要有较长时间静止不动的本能。鳞翅目中的枯叶蛾和竹节虫目中的竹节虫，它们不但要选择有枯叶或竹枝的地点停留，还可配合植物做出随风摆动的姿态来。

图 31　尺蛾幼虫（拟态）

（模拟无生命物体枯枝的形象）

尺蛾科的幼虫常利用其幼期只有两只腹足的特点，斜立于树木枝条上，酷似一根截断了的枝头（图 31）。昆虫表现出来的同型现象是与无生命的枯枝相似的模拟现象。这种拟态现象除个体体色与栖息处相似外，还有随季节及环境而转换的季节性变化。

在自然界中，即使是最完善的伪装也难骗过所有天敌，因此，许多昆虫便演化出第二线的色彩防御，又可称骤变花样。这种效应的基础是求得物像的快速转换，使追逐者丢失目标。

鳞翅目中的鸮目大蚕蛾，它们在正常休息时，为缩小

图 32　大蚕蛾（示其展翅时后翅上鸮目形圆斑）

体积，常用前翅遮盖住后翅，但当天敌入侵，它们就迅速移动前翅，展现出后翅上的眼斑，因为这种眼纹极似猛禽中鸥鸮鸟的双目（图 32）。眼形斑实

际起着双层作用，一是转换目标，二是制造恐怖作用。

有些自身没有抗拒天敌能力的昆虫，用模拟有抗拒能力并具有抵御天敌构造的昆虫外形来御敌，成为"狐假虎威"的拒敌方法。经过长期谋求自身防卫能力的演化，有些形态已成为多种昆虫大同小异的拟态环，这种现象常表现在如鞘翅目的天牛、半翅目的蝽象、鳞翅目的蝶类及膜翅目的蛛蜂之中。

还有些可称单色模拟种类，它们的身体构造很相似。蚂蚁不但能用分泌的蚁酸进行防御，依靠庞大的群体以及在洞穴中生活的优势保护自己，而且还常帮助体形相似的蝽象，不但允许它成为洞穴中共生的常客，而且蝽象在猎食蚁卵和幼蚁时，蚂蚁似乎也并不介意，这可能是被蝽象的这种拟态所欺骗了。（图33）

营造防御　大多数昆虫在生活过程中，都要寻找临时性或永久性保护所。正常情况下昆虫会隐身于天然缝隙中、砖石块下，

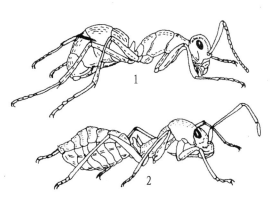

■ 图33　昆虫拟态

1. 模型蚂蚁　2. 模拟种蝽象

还有不少种昆虫能建造各种结构的巢穴，其精美程度可说是巧夺天工。

有些种昆虫的居住场所，其实是它们取食后的"副产品"（图34）。蛀食性昆虫在木质部中开掘隧道，既为自己取得了可口的食物，同时又创造了绝对安全的居住场所。同翅目中的蚜虫、鳞翅目中的多种螟蛾幼虫，能使被取食的叶片扭曲、卷缩或将叶片用丝缠连成巢，用来隐蔽取食，同时也保护了自己。黄猄树蚁用集体的协调动作，将多片树叶缀连成巢，成为其生儿育女及大家族的庇护所。

图34 因昆虫取食使寄主卷缩而形成的庇护

人们常看到植物的茎秆上，有着多种形状、大小或颜色不同的畸形构造，有的表皮外层还有着纤毛、刺、斑、瘤等不同的装饰，这些物体被人们称为虫瘿（图35）。虫瘿的形成是植物受到伤害时产生活跃分生组织的细胞快速修补伤口的结果，这是昆虫幼虫取食后的相关物理刺激的产物。同时昆虫在取食时产生消化酶，消化酶与植物酶有相同的作用机理，将淀粉转化为糖。多余的营养物质刺激植物细胞原生质，能使植物细胞额外分裂。这样植物与昆虫便都从中受益。造瘿的昆虫种类主要有缨翅目中的蓟马、同翅目中的蚜虫、鞘翅目中的象虫、膜翅目中的缨蜂、双翅目中的瘿蚊以及鳞翅目的鹿子蛾等。以上举例也称为被动营造。

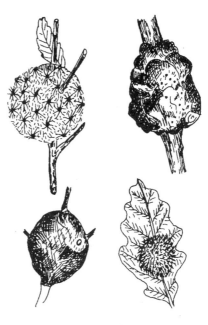

图 35　虫　瘿（植物受害后而形成的不同形状增生组织）

主动营造的例子在昆虫中更为普遍。如螳螂产卵时营造的卵鞘；蓑蛾幼虫织造的蓑袋；蚧壳虫的变形外壁以及在水中生活的襀翅目和毛翅目昆虫，它们的幼虫能在水底选用水草、砂石、甲壳类动物碎片，用丝缚成多种形状的管道，不但保护了身体，也可作为捕食工具。

膜翅目中多种蜂类所营造的巢可说是千姿百态，而且结构也十分讲究。马蜂和胡蜂的巢室多为六边六角形，这样的设计不但可节省建巢材料，也增加了巢壁的支撑强度。

蜾蠃蜂的育儿巢是用衔来的泥巴掺和上成蜂的咽液建造成的。巢里面的结构竟是筒子楼形状，每个幼儿均有自己的单间，又有多个单间合用的外罩，用来保持巢内相对恒定的温度，还可防止一儿受害、全家株连的惨痛下场。也有的蜾蠃蜂用泥土做成的嘴壶形独巢，既精巧别致，又起到分而治之的作用，当一巢被毁时，而不至于多巢同时受损，这真可谓在保存物种多样性上费尽了心机。（图36）

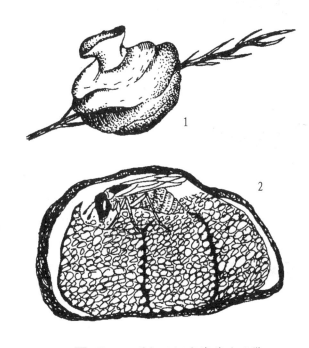

　　■ 图36　膜翅目蜾蠃蜂营造的巢

　　1. 壶形巢　2. 筒子楼形巢

八、昆虫家族中的『奇闻』逸事

昆虫之最　世界上身体最长的昆虫应属于产在婆罗洲的雌性竹节虫了。它的体长足有 33 厘米，如果加上触角和伸展开的前、后足，其长度高达 40 厘米。产于我国广西的竹节虫，体长也达 24 厘米。（图 37）

鳞翅目中体形最大的蛾类应属乌桕大蚕蛾，它双翅展开宽可达 22 厘米（图 38）。乌桕大蚕蛾不但体形大，由于满身披挂橘黄色的鳞毛，镶嵌着纵横交错的黄白色花斑，翅上布满五彩缤纷的鳞片，把近似三角形的透明窗斑拥簇于中央，显得那么端庄俏丽，算得上蛾中之王了，故有"凤凰蛾"之称。

生活在印尼巴布亚新几内亚岛的叫作亚历山大鸟翼皇（也叫德拉女王翼蝶）的蝴蝶，展开双翅可达 28 厘米，可称蝶中之最了。

鞘翅目中最为壮观的应属阳彩臂金龟

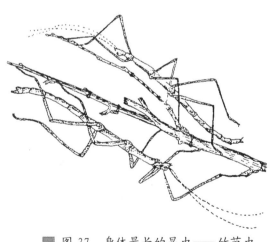

■ 图 37　身体最长的昆虫——竹节虫

图 38　体形最大的蛾子——乌柏大蚕蛾

了，它不但体色鲜艳、光彩闪烁，称为一最的是它那伸向前方的长臂（前足），足有 70 毫米，远远超过它的体长。同属于二鞘翅目的赫氏大颚甲，它可称最的不是前足，而是雄虫的上颚，其长度可超过胸腹之和，足有 60 毫米，因而被人们取了个名副其实的名称：赫氏大颚甲。

　　大与小是相对而言，那么昆虫中体形最小的种类应属哪些呢？

　　无翅亚纲中体形最小的应属于弹尾目中的跳虫了。跳虫中有些种类体长还不到 2 毫米，这与它们的生活习性及栖息场所有着密切的关系，因为有些种类终生和蚂蚁、白蚁同巢共居。"寄人篱下"偷吃残食的生活方式，只能以体小的优势才能生存下去。

　　有翅亚纲昆虫中体形最小的要属于膜翅目寄生蜂类中的茧蜂、姬蜂和小蜂科的一些种类了。因为它们是把卵粒产在其他昆虫的卵、幼虫和蛹体内，而且以寄主体内的组织维持生活，完成一生中的不同发育阶段。从它们终生食物的来源看，它们的身体有多小就可想而知了。更值得一提的是，有些寄生蜂的卵在产入寄主体内后，其发育的过程中可分裂成许多个胚胎，发育成多个个体，这种生育方法称为多胚生殖。一般一粒昆虫卵的直径最大也只近1毫米，卵中再分裂为许多个体，那么它们的体长只能用微米计算了。

　　白蚂蚁与地球升温　科学家们发现，白蚂蚁对地球温度的逐渐升高起了推波助澜的作用。这种结论并不夸张，因为这与白蚂蚁的生活习性以及所取食的物质有密切关系。白蚁是以木材、杂草、菌类为食。木材及草类组织中含有大量的纤维素，白蚁在消化纤维素的过程时是依靠肠内的原生动物——鞭毛虫的作用，这些鞭毛虫能分泌纤维素酶和纤维二糖酶，把白蚁吃到肠胃中的木质纤维分解成葡萄糖及其他产物。就在这种分解与消化过程中，同时也会产生出大量的甲烷气体排出体外。

　　为了证明白蚁所排出的含甲烷气体究竟有多大量，美

国大气研究中心专家捷姆曼做了一个实验，他将不漏气的
胶袋套在白蚁巢穴的顶部，收集巢中冒出来的甲烷，以此
计算出一只白蚁年排放的甲烷量。从而他估算出，全球约
有10亿吨白蚁，年排放到大气中的甲烷可多达1亿多吨，
相当于全球释放到大气中甲烷总量的50%。因此，人们认为，
白蚁释放到大气中的甲烷是引起温室效应，使全球气温升
高的重要因素之一。

昆虫与食物链　20世纪50年代，麻雀被列为要消灭
的四害之一。但经过研究证明，假如麻雀被大批除掉后，
虫鸟之间就会失去生态平衡，使害虫猖獗，造成农业减产。
从生态学角度来看，这是由于生物间食物链遭受破坏所致。
在论述这个问题时，达尔文等人的一个著名关系式"猫—
田鼠—三叶草—牛"便是生物链中生物的真实写照。

食物营养联系是自然生物物质循环的基础，是一种普
遍存在的自然现象。一般说食物链是先从植物开始，其次
是植食性动物（主要是昆虫），紧接着是与植食性动物有
关的寄生性和捕食性动物，接下去是肉食性小动物，最后
是大型肉食动物。例如，水稻遭受螟虫、蝽象、甲虫等多
种昆虫危害，而这些害虫又被寄生蜂、螳螂、草蛉等天敌
寄生或捕食，食虫鸟、兽又是这些天敌昆虫的劲敌，而食
虫鸟又被大型肉食性鹰隼所猎捕。这样就构成了从水稻到

大型肉食性动物间的食物链。

食物链相依的环节可多达 5 个以上，多个食物链组成错综复杂的食物网。如果食物链中的某一环节发生了变化，或插入了新的环节，这样就会影响食物链中生物的数量，进而导致生态平衡失调。

信与不信　20 世纪 80 年代有这样一篇报道，"在巴西布尼得斯市远郊的深山里，有一群美丽多姿而专以食肉为生的蝴蝶。它们经常联群出动，专向牛、羊，甚至人类下手。它们在动物身上咬出一个又一个小洞，从小洞里吃肉。它们的食量并不大，但数百只蝴蝶，每只吃上两三口，加上唾液中的毒素，便将猎物置于死地。……"这篇报道看来既新奇又有趣，且出处地点也很具体，应信以为真，但从句里行间又觉不可信。按一般常识，鳞翅目中的蝴蝶无论是成虫或幼虫多为植食性（成虫吮吸花蜜），有小部分种类吮吸腐质物。更为不可信的是，既然说美丽多姿，想必是指的会飞的成虫——蝴蝶。蝴蝶的口器构造，是由头前面的一对退化了的大颚演变为许多节中间空的管子，各节管子间由有弹性的薄膜连接着，形状很像一根中间空而有弹性的钟表发条，用时伸开，不用时就卷起来，吃东西时是靠惯性将汁液虹吸到胃中。既然蝴蝶没有可用来咀嚼食物的牙齿，就不会"在动物身上咬出一个又一个小洞"，而且"从小洞里吃肉"。因此，这篇报道无科学性，因而难以使人相信。推测其原因有二：一是观察失误，将其他昆虫误认为蝴蝶；二是猎奇，错把取食方法描写得神奇莫测。从对这则报道的分析可以看出，掌握一定的昆虫学知识，对我们判断是非是很有帮助的。

　　性变之谜　昆虫不但在生育上有着孤雌生殖、多胚生殖等现象，而且个体性别也可互相转化，甚至还有雄雌同体个体的存在；身体发育不全，半边完整、半边残缺的（俗称为阴阳虫）个体也可常见。

　　危害柑橘的吹绵介壳虫，雌虫终生无翅，只靠插入枝干中的口器吸吮汁液维持生计，到达发育成熟期，只好等待有翅成虫找上门来婚配，如难遇佳婿（雄虫数量少、寿命短）却能自行受精产卵。这种现象在昆虫学上称为雌雄同体。因为这类昆虫的体内同时具有两套生殖系统——卵巢和睾丸，在不同条件下可施行不同机制。

　　德利蜂和黄泥蜂的幼虫发育阶段，如果受捻翅虫（雄虫前翅退化成平衡棒，后翅发达，雌性终生无翅，营寄生性生活的昆虫）的寄生后，性别上则发生变化，由雌性个体转变为雄性个体；与此相反，有一种生活在污水中的摇蚊，受到雨虫寄生后，却能从雄性转变为雌性。

　　昆虫的自然变性现象之谜，目前还没有完全揭开。不过科学家们通过人工移植方法做改变昆虫性别的实验已有报道，他们将雄性萤火虫三龄幼虫的睾丸取出，在无菌条件下，移至同龄的雌性幼虫体内，结果雌萤火虫幼虫被化蛹羽化后竟变为雄萤了，而被摘除睾丸的雄虫却变成了雌虫。科学家们认为，这是由于睾丸滤泡管的中胚顶端组织在幼虫期能够分泌大量雄性激素所至。而在蛹期施行同样移植手术，则不能改变性别，是因为蛹期后，雄性睾丸内的激素数量相对下降。

至于有些昆虫个体经过蛹期羽化为成虫后，身体两侧不对称、甚至少一只足或半边翅变小，这些现象不能称为性变，而多半是由于化蛹阶段受到外界创伤所致，或在由幼虫变蛹时遇气候干燥、营养不良造成的。

信不信由你　"世界上如果没有昆虫，人类就只能存活几个月"。这是美国哈佛比较动物学博物馆、昆虫学教授、生物多样性研究方面的先驱爱德华·威尔逊的一句话。他还指出，我们现在知道的生物种类达 140 万种，至少还有 1000 万种甚至更多的种类我们还不了解，在这方面我们的无知可以说达到了惊人的程度。我们知道我们所处的星系大约包括 1000 亿个星体，也知道 1 个电子的质量，却不知道地球上究竟有 1000 万个还是 1 亿个物种。

他说，如果我们在没有开发利用之前就破坏了这些生物资源的话，那么很多新的药品、食品、纤维、肥料、油料和其他产品就将永远失去同人类见面的机会。他还指出，是那些绿色植物以及大量的微生物和默默无闻的小动物构成了地球上生命的"熔炉"。正是由于它们生活在地球的表面，才肥沃了土壤，制造了我们赖以生存的空气。影响这种物种间的平衡是很危险的。各种昆虫和节肢动物的重要性已大到如此程度，如果它们都灭绝了，人类就只能存活几个月。

　　昆虫对航天航空事业的奉献　蜻蜓称得上是昆虫中的飞行冠军。它们常以每秒 10 ～ 20 米的速度连续飞行很远而不着陆，有时竟能微抖双翅来个 180° 的大转弯。它们还可用翅尖绕着"8"字形的动作，以每秒 30 ～ 50 次的高速颤动，来个悬空定位、原地不动。蜻蜓能以高速完成这些动作，而极薄的翅却不会被折断。蜻蜓的翅上除密布着网状的翅脉，承受着巨大的气流压力外，在前翅的前缘中央还生长着一块块黑色的坚硬翅痣，起到了防颤保护翅的作用，并使身体在飞行中保持平衡。研究制作飞机的人们从中受到启示，在机翼的前缘组装上了较厚的金属板、这不但使飞机在高速飞行中减少了颤动，保持了平衡，提高了安全系数，也加快了飞行速度。

　　蝴蝶和蛾子的翅膜上，镶嵌着无数的鳞片，这些鳞片不但增加了翅的承受力，也保护了翅免受高温及阳光照射时灼伤。原来无数个鳞片起到光镜的作用。当气温升高时，鳞片会自动张开，增加了反射太阳光的角度，减少光的照射，使自身免受灼伤；当气温下降时，鳞片会自动紧密地贴伏在翅面，让太阳直射在鳞片上，增加了吸收太阳能的面积，提高了体温。研究航天工业的科学家们受到了生物体型构造启示，解决了人造卫星在高空运行中遇到气温变化时仪器不能正常运作的问题，研究出了一种巧妙而灵活的仿生装置。这种装置如同百叶窗，每扇叶片两个表面的辐射散热功能相距甚远，百叶窗的转动部位装有一种对温度极为敏感的金属丝，利用金属丝热胀冷缩的物理性质解决了卫星在高空运行时受温度变化而无法正常工作的问题。

小小的苍蝇　飞行速度可达每小时 20 多千米，而且还能做垂直升降、急速转弯调头、定位悬空、隐身潜伏、微波信息收发等动作。科学家们通过多种试验方法进行模拟，解开了其中的奥妙。原来关键在于由后翅退化演变成的那对形似哑铃状的平衡棒上。苍蝇飞行时，平衡棒以一定的频率进行机械性振动。当苍蝇的身体倾斜或偏离航向时，平衡棒的振动就会随着发生变化，并且能把这种变化了的信息传递到大脑中去，苍蝇再按新的指令来调整身体的姿态和航向。科学家们根据苍蝇身上平衡棒的导航原理，研制成了一代新型导航仪——振动陀螺仪，改变了飞机飞行性能和飞行能力。

昆虫"戏"火车　新中国成立前，津沪铁路线上发生了这样耐人寻味的奇闻：当南下的火车运行在无锡至苏州段时，司机的视线竟然看不到路轨，为防止发生危险，只好停车去看个究竟。下车后竟大吃一惊，原来是千千万万只蝗蝻（飞蝗的若虫期）自西向东跨越铁路。远看似洪水奔流，有一泻千里之势。近瞧你背我驮，重重叠叠，连滚带爬，争先恐后，黑压压足有半尺之厚，整个飞蝗队伍前不见尽头，后不见尾。司机焦急万分，因为火车是按钟点运行的，错过预定时间就有撞车的可能（当时是单轨线）。飞蝗队伍行进约 30 分钟后，蝗蝻数量才渐渐稀疏下来，又过不久才看到路轨以及一层散沙般的虫粪。此值 7 月时节，正是二代蝗蝻发生期。津沪沿线湖泊、苇塘较多，是历代蝗虫发生基地，如遇久旱逢雨，便会造成蝗灾，这时当禾草、庄稼被吃光后，蝗虫便会结队迁移。蝗灾惨状明代诗书有记述："飞蝗蔽空日无色，野老田中泪垂血，牵衣顿足捕不能，大叶全空小叶折，去年拖欠鬻男女，今岁科征向谁说。"可见蝗灾给人民造成的疾苦，绝非一般。蝗虫"戏"火车也算一灾吧。

无独有偶，另一起记载虫"戏"火车的可不是蝗虫，而是能传粉、酿蜜过着社会性生活的蜜蜂。"红灯停，绿灯走，要是黄灯等一等"，这是人们比较熟知的管制交通规则的常识。一列由北京开往合肥的列车，途经丰台至廊坊间的安定车站时，由于司机看不到允许进站的绿色信号灯，只好停车待发，乘客议论纷纷。此时，北京铁路指挥中心的监视盘上，明显的进站绿色信号灯不断闪烁着，为什么列车停而不进呢？通过无线调度电话联系，才得知是一群数量可观的蜜蜂聚集在绿色信号灯的玻璃罩上，将灯光遮得严严实实，司机看不见准许进站信号，决不能轻易进站。信号就是命令，这是铁路员工必须遵守的法规。后来经车站员工和司机同心协力，用火攻的办法，才把顽固坚守绿色光源的蜂群战败。绿色信号灯重显光亮，列车才长鸣运行。

　　蜜蜂为什么要成群地集结在信号机的绿色灯光罩上呢？要解答这个问题，还要从蜜蜂的社会生活说起。饲养在蜂箱中的群体，有着严格的社会性生活管理，蜂群的统治者是一箱中的唯一女王，当一箱中出现两只蜂王时，便出现争权行为，于是另一只蜂王便率领部分工蜂出巢，这称为分蜂。由于蜜蜂的复眼是由4900（蜂王）至13090（工蜂）个小眼组成，由于含有紫外线的光源对它们有着极强的刺激性，而且蜜蜂的眼睛分不清橙红色或绿色，当它们在飞行中遇到含有紫外线的绿色光，便会趋向而停留下来，加上光源放出一定热量，也适合于昆虫的向温性，这就导致蜂群久恋不散。

虫大夫 巫婆行医，纯属欺骗。动物生病自医，确有此事。但虫大夫行医治病，或许认为不值一提，然而昆虫确实能为人类诊病治病。

蚂蚁的趋化性很强，而且馋食甜食。只要有存放甜食的地方，不管你存放得多么严实，它们都会依靠头上有敏感嗅觉作用的一对触角，左摇右摆地探索找到。因此人们便利用它们这特有的本能，为人诊断病症。患糖尿病的人，因为尿中含糖量过高而称为"甜血症"。早在7世纪，我国民间就曾利用蜜蜂和蚂蚁的趋化性来诊断此病。方法是把蚂蚁放在病人尿盆边，如果蜜蜂和蚂蚁很快爬去舔食，便证明病人患有糖尿病。如果恋恋不舍，说明病情较重，据说这种方法还很灵验。

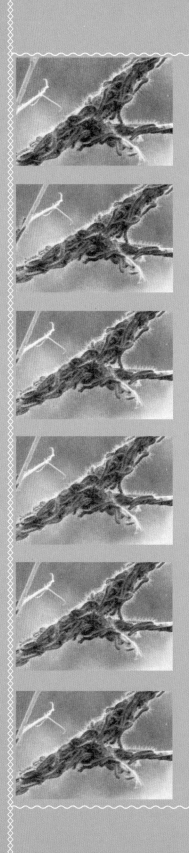

九、虫为我用

人们提起昆虫来，总认为它们是人类的祸害。这也难怪，昆虫确实给人类带来一定的危害，如鲜嫩的蔬菜被菜青虫、甘蓝夜蛾幼虫吃得千疮百孔；田中的玉米、小麦、水稻等庄稼被玉米螟、黏虫、蝗虫、多种螟虫咬得叶碎枝残、茎折秆断；生长茂盛的棉花被蚜虫、棉铃虫、金刚钻等糟蹋得枝叶卷曲、花破蕾落；香脆的鸭梨、苹果、枣子遭虫蛀，鲜桃、柑橘也被蟥象等害虫叮得满身都是硬疤；即使是经过辛勤劳动收获回来的粮食，或天然纤维编织成的衣物，也难逃米象、麦蛾、谷盗、皮蠹等多种仓库害虫的为害；林木及木材建筑也会因多种蛀虫为害，树木折断，木材蛀空，甚至房倒屋塌、火车出轨（以前铁路上的枕木是由木材制作，常遭白蚁蛀空）等等。但人们千万不能忽略昆虫之中还有不少种类是人类不可缺少的朋友，即便是对待有害种类，也可通过科学治理达到减少危害的目的。随着生物遗传基因工程研究的不断深入发展，变害虫为益虫已成为指日可待。更何况害虫种类也并不像人们想象中的那么多。

昆虫——可管理的自然资源　随着科学的发展，对人类有益的昆虫，或变害为益的种类，已经成为可管理的自然资源而造福于人类。

"资源昆虫"是在一定的时间条件下，能够产生经济价值的、提高人类当前和未来福利的有用昆虫的总称。我国资源昆虫极为丰富，种类之多居各国之首。

　　工业昆虫　目前已知的工业昆虫有 40 余种。工业昆虫是指那些产生的分泌物、丝、酿造的物质等可做工业原料的昆虫。我国对工业昆虫的利用已有很长的历史。约公元前 1000 年，我国劳动人民已经将蚕驯化为家养；家蚕、蓖麻蚕、柞蚕、樟蚕、樗蚕等吐的丝，也都很早被用作纺织工业的重要原料。这样的工业昆虫及产物种类还很多，如五倍子是一种倍蚜在盐肤木树上形成的虫瘿，其中含有丰富的鞣酸，是制造皮革不可缺少的重要原料，还可用来制作黑色和蓝色染料；紫胶，又名火漆，是紫胶虫的分泌物，经提炼后可制作油漆、高级油墨、绝缘物和唱片，在天然橡胶中加适量紫胶，可提高橡胶的韧性；白蜡是一种蚧虫的分泌物；蜜蜂酿造的蜂蜜、蜂乳、蜂蜡是制作营养品、化妆品溶剂、蜡纸、蜡笔不可缺少的原料。

　　药用昆虫　现已知的药用昆虫（图 39）有 300 余种。我国民间研究和应用昆虫治疗疾病已有悠久历史。早在《周记》和《诗经》中就有用昆虫与其他中药材配伍制作中药的记载。《神农本草》中已记载有药用昆虫 21 种；李时珍的《本草纲目》中记载药用昆虫 73 种，加上《本草纲

■ 图39 药用昆虫：蝉（蝉幼正在脱壳）

目拾遗》中的25种，共计百余种。这些可做药用的昆虫隶属于昆虫纲中的14目、35科以上。如蝉蜕、虻虫、地鳖虫、蟋蟀、蝼蛄、桑螵蛸、僵蚕、蚕沙、斑蝥、蟑螂、蝉花、虫草、蚂蚁、胡蜂等等。有些是利用昆虫体内的活性激素，有些利用其所含的多种氨基酸、斑蝥素、石灰质、高蛋白及高脂肪等。

传粉昆虫　有人这样比喻，"地球上如果没有植物，昆虫就不复存在；如果没有昆虫，植物也不会衍繁生存"。这话一点不假。昆虫是植物的主要传粉媒介。现在已知显花植物中，有85%是由昆虫传媒授粉的（图40），只有10%是风媒传粉，5%是自花授粉。我国通过人工管理昆虫为葡萄传粉，坐果率增加，产量提高9.46%。能为主要牧草

图 40　传粉昆虫：蜜蜂

"红车轴草"传粉的蜂类昆虫多达 6 科 20 属 72 种之多。为砀山酥梨进行虫传粉，可提高产量 2～3 倍等。大部分昆虫又以花蜜为食，由于往返花间，也就起到了传授花粉的作用。昆虫传粉还可改良种子，提高后代的活力，这也是使品种复壮的一种辅助方法。目前已知传粉昆虫达 300 余种。

食用昆虫　自古以来我国各族人民即有以不同种类昆虫作为食品的风俗习惯（图 41）。有些还是御膳食品。如油炸蚂蚱、蒸蝗米、炒旱虾（均指蝗虫），油浸蚕蛹、爆蚕宝、蚕蛹酱，油炸龙虱、龙虱火腿、烤干龙虱以及清炖蝉蛹、油炸茶象甲、蝇蛆八珍糕、食油笋蜂子、蚁蛹酱、

图 41　食用昆虫：龙虱

蜻蟧炖猪蹄、虫草珍鸡等佳肴均以昆虫为料制作，有人还制作了蚁卵乳汁、虫茶饮、人参肉芽汤等昆虫营养饮料。还有人将昆虫与酒发酵陈酿后制成蚕蛹酒、蚁蛹酒。目前已知可食用昆虫达 600 余种。

　　饲料昆虫　　昆虫体内多种复合营养物质，经烘干加工粉碎后混于家禽家畜饲料中，可补充动物质营养，提高产禽类的蛋量或畜禽的瘦肉率。用于配制饲料的昆虫，称为饲料昆虫（图42）。经试验证明，在夏秋季用灯光诱虫养鸡，可使雏鸡重增加 30%，产蛋率提高 25%。人们还利用灯光

■ 图 42 饲料昆虫：黄粉虫

诱虫，招引大量昆虫作为鱼的饵料。据调查，淡水鱼的自然饲料中 70% 左右为昆虫，其中蜉蝣、石蚕、蚊、大蚊等的幼虫或稚虫最多。目前已知饲料昆虫达 1000 余种，也可以说，除少数有剧毒的昆虫种类外，其余种类的昆虫都可经收集、加工后作为动物性饲料。

　　天敌昆虫　利用昆虫的天敌（图 43）来治理和防治有害昆虫，早在公元 304 年就已被人们用来作为防治害虫的手段，这种治虫方式被称作"以虫治虫"。目前已知天敌昆虫有 1000 余种，包括在昆虫纲中的 7 个目 70 余科中。

当前最为常见的天敌昆虫有：捕食性昆虫，如螳螂、草蛉、马蜂、胡蜂等；寄生性昆虫，如赤眼蜂、小蜂、茧蜂、寄蝇等两大类。

目前利用天敌昆虫来消灭有害昆虫的有：利用赤眼蜂防治甘蔗螟、玉米螟、稻纵卷叶螟、棉铃虫、松毛虫；利用澳洲瓢虫和移植大红瓢虫防治吹绵蚧壳虫；利用黑缘瓢虫防治油菜绵蚧、桑绵蚧、槐绵蚧；利用红蚂蚁防治甘蔗螟、香蕉象虫；利用日光蜂防治苹果绵蚜；利用平腹小蜂防治荔枝蝽等。人们利用天敌昆虫已取得明显效果。

环境昆虫　环境昆虫是指能清除腐殖质垃圾及动物尸

图 43　天敌昆虫：盗蝇

体的腐食性及肉食性昆虫。这类昆虫目前已知有100余种。常见的有埋葬虫、阎魔虫、隐翅虫、皮蠹等甲虫，它们专门嗜食各种动物尸体；蜣螂、粪金龟等昆虫专门嗜食植物的集存腐质物；多种蝇蛆喜食人畜及家禽粪便。澳大利亚由于畜牧业发达，牛的数量过多，排泄粪便太多，严重影响牧草生长，致使牛群因缺乏饲料而畜产收入下降，不得不向我国引进粪蜣来清除粪便。昆虫还能与微生物互相配合，把污染环境的动、植物尸体及残枝落叶分解成简单的物质，变成有机肥料，再供给植物吸收利用。

工艺观赏昆虫　我国可以利用的工艺观赏昆虫达400多种，其中不乏鸣声幽雅、斗势威武、姿色艳丽、舞姿潇洒的昆虫。它们早已被诗人墨客作为吟诗作画的题材，或被人们制作成装饰品及饲养成消闲取乐的宠物。随着人们的生活水平及文化素质不断提高，以昆虫作为工艺观赏品的趋势将势不可当。

利用蝶、蛾绚丽多彩的双翅制作贴画，利用金龟子、吉丁虫等鞘翅目昆虫镶嵌妇钗耳环，养蟋观斗，饲养蝈蝈听鸣，用昆虫制造人工琥珀已成为人们的一种爱好。有的地方以昆虫娱乐为导向的观光旅游事业也逐步兴起，如山东省的国际斗蟋大赛会；云南省的大理以"蝴蝶泉"为引导的三月三旅游经贸节等。人们对昆虫外形的利用更是不胜枚举，如以昆虫为图案，做商标的烟盒、火柴盒已举目可见；用昆虫图案发行的邮票，早在 100 年前已开始盛行。在昆虫中，蝶更受人们的喜爱，目前我国已有民间以蝴蝶及其他昆虫用作展品的博物馆数十个。人们观赏、玩、斗昆虫的兴趣，随着经济、文化的发展将逐步提高。

在此值得一提的是，在这已知的约 4000 种可利用的资源昆虫中，竟然也有严重危害农作物的蝗虫、蟋蟀、金龟子、吉丁虫、蝉、蝼蛄以及多种蝶、蛾类（幼虫）等。

资源昆虫属于国家所有，在合理开发利用的同时，应注意对稀有濒危种类的保护，严格遵守有关生物多样性保护法规条例，严禁乱采滥捕、盗买倒卖。